玩转我的iPad·iPad2

焦点数码 编著

全面介绍iPad书籍
照着操作没问题
全面玩转
iPad · iPad2

搞定iTunes多账号同步规则
视频、照片、音乐，轻松共享

设置Wi-Fi和3G网络
织围脖、泡社区、挂QQ、查地图，随时随地都上网

搭建空中影院，将iPad打造成移动媒体中心

自己动手玩越狱
完美破解iOS 4.2.1和iOS 4.3.x固件

使用iFile和iTools修改游戏
告别游戏玩人的时代

无尽之刃、愤怒的小鸟、水果忍者、极品飞车、AirAttack……
精彩游戏尽在掌握

科学出版社
北京

内容简介

本书全面介绍了 iPad 2 产品在生活中的应用技巧，主要内容包括：iPad 2 的功能详解、基本操作、自定义 iPad、联网与同步、升级与降级、上网冲浪、用 E-mail 通信、浏览照片、观赏视频、下载程序、使用地图、玩游戏以及教育等内容。在介绍每一项功能时，都附有相应操作的 iPad 的界面截图，并在截图上标注了编号，与操作步骤的文字叙述一一对应，使整个过程一目了然、清晰易懂。不仅如此，在介绍操作步骤的过程中，还插入了一些提示和进阶内容，帮助读者拓宽视野，了解 iPad 更深层次的应用。。

本书内容详尽实用，图片华丽精美，讲解深入浅出，非常适合 iPad 的入门级用户使用。

需要本书或技术支持的读者，请与北京清河 6 号信箱（邮编：100085）发行部联系，电话：010-62978181（总机）转发行部、010-82702675（邮购），传真：010-82702698，E-mail：tbd@bhp.com.cn。

图书在版编目（CIP）数据

玩转我的 iPad・iPad2 / 焦点数码编著. -- 北京 ：
科学出版社, 2011.5
ISBN 978-7-03-030807-8
Ⅰ. ①玩… Ⅱ. ①焦… Ⅲ. ①便携式计算机－基本知识 Ⅳ. ①TP368.33

中国版本图书馆 CIP 数据核字(2011)第 067461 号

责任编辑：李萌 /责任校对：刘 伟
责任印刷：合众伟业 /封面设计：深度文化

科学出版社 出版
北京东黄城根北街 16 号
邮政编码：100717
http://www.sciencep.com
北京合众伟业印刷有限公司印刷
科学出版社发行 各地新华书店经销

*

2011 年 7 月第 1 版 开本：787mm×1092 mm 1/16
2011 年 7 月第 1 次印刷 印张：12
印数：1-4 000 册 字数：284 千字

定价：39. 80 元

PREFACE

如果要问目前最火的电子产品是什么？相信很多业内人士都会给出一个相同的答案：iPad、iPad2和iPhone4。它们同属于苹果公司iOS产品，是很多科技媒体和博客、论坛的热门话题。如果读者对iPad一无所知，或者对是否需要购买iPad、iPad2或iPhone4感到犹豫，不妨花点时间来阅读本书，了解iPad和iPad2的应用，因为本书能提供知识面的参考。如果读者已经购买和拥有了iPad或iPad2，那么通过本书的介绍将会掌握更多的应用。

iPad或iPad2最广泛的应用是阅读。iPad和iPad2的尺寸和16开本大小的图书相似，再加上其绚丽的多点触控屏幕，海量的阅读资源，使得它在阅读方面具有得天独厚的优势。在iPad和iPad2推出之后，传统的“电纸书”产品销售业绩急剧下滑，这也可以算作是iPad和iPad2产品阅读优势的一个旁证。iPad和iPad2的出现，标志着人类的数字化阅读时代真正到来。人们逛图书馆的时间虽然少了，但并没有远离阅读，作为随身“图书馆”，iPad和iPad2可以容纳众多中外著作。用户通过电脑操作，就可以将新书传送到“书架”上。

游戏和娱乐功能使得iPad产品更加具有魅力。App Store中有大量的游戏应用，结合iPad独有的操作方式，可以为玩家带来新鲜有趣的体验。例如，在玩“植物大战僵尸”时，不必费力狂点鼠标，只要手指操作就可以；在玩“极品飞车：变速”时，可以将整个iPad作为方向盘，在赛道上疾驰。很多PC和PSP游戏玩家开始将狂热的目光投向iPad。iPad的娱乐功能也很丰富，在视频和音频播放等方面都能带给用户良好的体验。虽然iPad本身并不支持Flash，使得很多采用Flash视频流技术的内容都无法访问，但是很多视频网站都开始支持iPad，采用QuickTime视频播放技术，这也从另外一方面证明了iPad在市场上的强大号召力。

此外，iPad的教育功能也值得一提。由于iPad的操作方式极其简单，所以它在少儿教育方面具有家用电脑无法比拟的优势，例如，儿童钢琴、有声图书、儿童绘画和游戏等，都是非常吸引孩子的应用。凭借着iPad在屏幕画面效果、多媒体教育资源和易用性等方面的优势，iPad已经成为不少年轻父母们教育孩子的高科技工具。

本书介绍了iPad和iPad2的各项基本功能，包括操作方式、基本设置、日历、使用iTunes连接电脑、上网浏览、电子邮件、照片、音乐和视频欣赏、看书、导航、炒股、微博互动、游戏娱乐等，并且专门开设章节讲解了iPad最新固件的越狱操作。这些内容涵盖iPad和iPad2应用的方方面面，相信能够解除读者在使用iPad或iPad2时遇到的各种困惑。

本书是集体劳动的结晶，参与本书编著的包括以下人员：史大勇、姚笛、姜大为、李坤伟、吴晴、葛佳慧、徐双巍、葛景舜、李雅男、姜孝菊、李斌、刘琪、武传海、刘玉凤、王兆权。如果读者在学习过程中遇到困难可以联系我们，我们的电子邮箱是bhp@163.com。希望您能拨冗指正。

焦点数码

CONTENT

第3章　使用iTunes

第4章　联网设置和Safari应用

第9章 使用iPad看书

第10章 使用iPad导航功能

第11章 越炒越开心

第12章 网络互动和阅读抢鲜应用

第13章 iPad游戏

第14章 iPad应用软件推荐

第1章

iPad/iPad2 操作指南

无论是iPad还是iPad2，在操作上并没有什么区别。和第一代的iPad相比，iPad2只是提高了产品性能，增加了诸如摄像头之类的设备而已，如果你能熟练使用iPad，那么就能轻松使用iPad2。

1.1 iPad外观和功能按键

2010年1月，苹果公司在美国旧金山发布了第一代iPad，受到众多苹果迷的热烈追捧，一年之后的2011年3月，苹果公司又在全球瞩目之下发布了iPad2，同样大获成功。iPad和iPad2，究竟有什么样的魅力，能够在如此短的时间内获得大量拥趸呢？现在就让我们来详细了解一下iPad和iPad2的性能、特征和区别。

1.1.1 iPad/iPad2的产品特征和区别

无论是iPad，还是iPad2，它们都是一款定位介于苹果的智能手机iPhone和笔记本电脑产品之间的平板电脑产品。iPad和iPad2可以提供浏览互联网、收发电子邮件、观看电子书、播放图片、音乐或视频、玩游戏等功能，与iPhone使用相同的iOS系统，可直接运行所有iPhone的应用程序，在 App Store 中有大量软件提供，可以满足各类用户的需求。

一、 iPad的产品性能和特征

第一代的iPad产品性能和特征包括：

- 低能耗的A4处理器

苹果公司在2009年上半年收购了芯片厂商PA半导体，而iPad搭载的正是苹果自家的A4处理器，主频为1GHz。这是苹果收购PA半导体之后首次推出的处理器产品，并且用到了重量级的iPad上。从iPad可以连续10小时播放视频的出色表现不难看出，PA半导体出品的CPU低能耗特点成为iPad制胜的法宝之一。

• WiFi/3G自由选择网络支持

从身材上看，iPad介于手机和笔记本电脑之间，网络应用则取二者之长。苹果iPad同时推出支持3G和不支持3G的版本，用户可以自由选择。

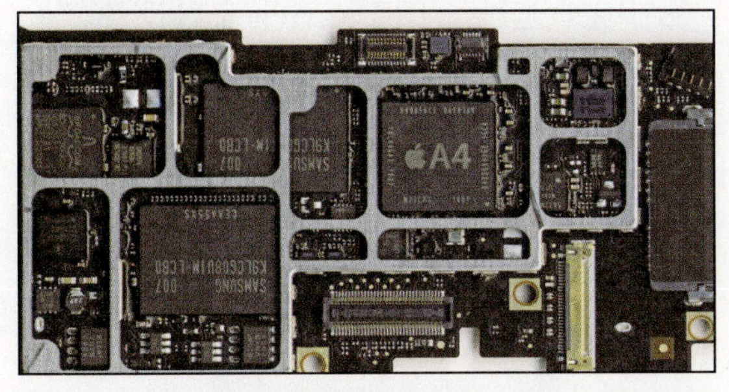

iPad 3G卡槽

除了支持3G网络，苹果iPad网络支持将完全解锁，无论在那个国家和地区，只要有相应的网络支持，就可以使用3G网络。同时，苹果也强调，iPad将不支持SMS，也不能通话，也就是说，不能像手机一样发短信、通话。

• 多点触控屏

苹果iPad采用的是9.7英寸的IPS显示屏幕，IPS屏幕具有具有可视角度大、颜色细腻等优点，同时响应速度快，色彩还原准确。

苹果iPad采用的是1024×768像素分辨率，4：3的画面比例与iPhone的320×480像素一样，这样保证了iPad可以满画面运行iPhone所用的软件。借助这块9.7英寸的触控显示屏幕，iPad在操作体验上将有很大提升，比如完整地查看图书、报纸，使用Qwerty全键盘输入等。

• 轻盈体态

iPad似乎有高人一筹的“瘦身”秘诀，“她”的机身厚度只有1.27cm、重量只有680g，而目前主流的上网本重量为1.2kg左右，厚度在2cm以上，相比之下，iPad要比上网本的体态更加轻盈。

• 电池待机时长达1个月

苹果iPad包含2块高性能锂电池，可以待机1个月，媒体连续播放时间达10小时，这一数字完全超越了上网本、iPhone等设备。

TIPS

iPad电池被整体封装在产品内，不能像手机那样拆卸电池，用户必须通过专用的连接线给iPad充电。

• 完美兼容苹果iPhone软件

现在苹果App Store中的软件数量已经达到14万个，下载次数超过30亿，新发布的苹果iPad将完全兼容iPhone软件。iPad的推出将进一步加速App Store的发展，掀起苹果软件开发者的又一次淘金热。

iPhone所使用的软件在iPad中可以用320×480像素的原始分辨率运行，同时也可以放大至全屏运行，全屏运行的效果显然更加震撼。

• 出色的阅读体验

为了iPad更易于阅读，苹果公司推出了全新的阅读软件iBooks。同时还推出了一个名为iBook Store的在线商店，这将是苹果在图书阅读市场推出的“AppStore”，很有可能会改写电子阅读市场的商业规则。

除了iBooks之外，还有很多纸介质媒体或电子杂志等也纷纷推出了自己的iPad版本，使iPad上的阅读内容变得异常丰富而精彩。

专题

林海中的精灵——滇金丝猴

漫游10cm仙镜——小DC拍小生

评测

锐不可挡　再见佳能新百微的锐利优势

试用

拿单反的女孩很美！获获邂逅佳能

访谈

郎立兴：捕捉冬之魂
——冰雪摄影的N种技巧

技法

冰雪摄影的构图

冰雪摄影的曝光与白平衡

冰雪摄影的用光技巧

• 卓越的游戏功能和画面效果

游戏将是iPad的又一个应用中心之一。由于在处理器和显示屏幕上的升级，iPad的游戏体验也有很大提升，特别是对多点触控操作的支持。如果你还在玩PSP，那么现在可以让它休息一下了。

• 优秀的操控性

虽然iPad已经拥有了不错的虚拟键盘，依然为用户提供了更多的选择，iPad的配件中包含一个键盘底座，键盘为全尺寸的电脑键盘，接上键盘之后，iPad立马变身为一部笔记本电脑。

二、iPad2和第一代iPad的区别

2011年3月，苹果在美国旧金山芳草地艺术中心发布了2011年重要新品——iPad2。与第一代iPad相比，iPad2具有以下八大改变：

1 A5双核处理器，处理器性能提升2倍，显示芯片性能提升9倍，功耗不变。新的iPad2内置3块高性能锂电池，续航能力仍然保持了惊人的10小时。

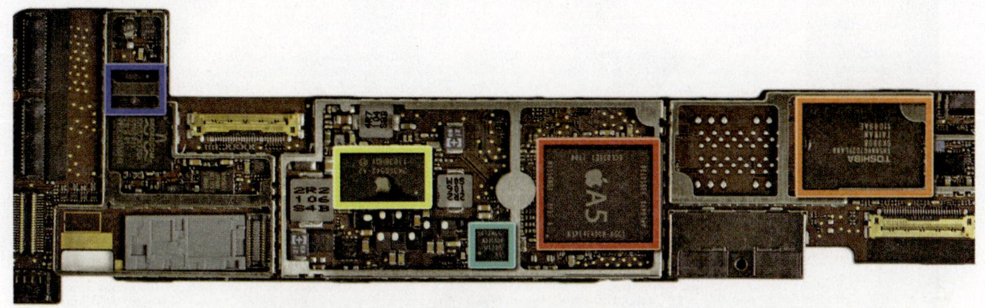

TIPS
拆解后可见iPad2使用的A5处理器和夸张的3块电池。

2 更轻更薄，iPad2的厚度从13.4mm减少到8.8mm，降低33%，重量从1.5磅降低到1.3磅。

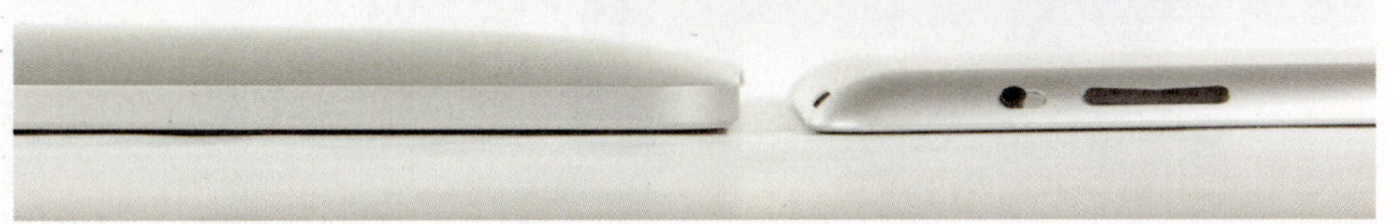

左图为iPad，右图为iPad2

3 具有黑白双色可选。

4 3G版支持at&t和verizon两种制式。

5 添加了双摄像头，支持面对面的视频交流。

6 支持HDMI高清输出，配件可单独选购。

7 预装iOS4.3系统，支持FaceTime、PhotoBooth和iMovie，FaceTime支持4人视频通话，PhotoBooth则支持9个直播视频流。

8 配备Smart Covers，通过磁铁吸附在iPad2上，且有多种颜色可选。

除了上述8大特性之外，iPad2和iPad并无其他明显区别。显示屏均为IPS多点触控屏，屏幕尺寸同为9.7英寸，硬盘容量均为16GB/32GB/64GB可选，联网方式均支持WiFi和3G无线。

> **TIPS**
> iPad和iPad2在用户操作上并无区别，只是性能的提升。所以，本书全部操作均同时适用于iPad和iPad2。

1.1.2 睡眠/唤醒按钮

在了解了iPad和iPad2产品的基本特征和区别之后，现在就让我们来熟悉一下它们的外观和功能按键。

从外观上看，iPad2比iPad更轻更薄一些，除此之外差别并不大。所以，本章在介绍它们的按键时一律称为iPad，并不做专门的区分。

iPad产品造型简洁，功能按键也不算多。电源开关按键是所有电子产品都必须具有的，iPad也不例外。不过，iPad的电源开关按键被称为“睡眠/唤醒”按钮，这大概是因为iPad可以长时间待机休眠的缘故吧。

睡眠/唤醒按钮位于机器顶部，用于打开和关闭屏幕。如果一直按着它，则会提示关机。

1.1.3 主屏幕按键

主屏幕按键位于机器下面下方，是唯一的圆形按钮，英文称为Home键，是iPad最主要的操作按键之一。

iPad主屏幕按键有很多用途，最典型的就是退出运行的应用程序。除此之外，主屏幕按键结合睡眠/唤醒按钮还可以执行更多功能。例如：

在系统死机的情况下，只要按住睡眠/唤醒按钮和主屏幕键持续几秒钟，iPad将重新启动。

要强制退出应用程序，可以按主屏幕键。

要想在按下主屏幕键时不退出程序，则可以持续按住主屏幕键不要放开，持续大约5秒，就不会退出当前运行的程序。

如果某个应用程序没有任何反应，按什么按钮都不能退出，则可以尝试按住睡眠/唤醒按钮，直到屏幕出现“移动滑块来关机”信息，然后不管这信息，放开睡眠/唤醒按钮，改为按住主屏幕键，5秒钟之后，应用程序将退出，并回到主屏幕。

iPad出现异常不能关机时，可以长按主屏幕按键和睡眠/唤醒按钮，直到iPad重新启动。

iPad主屏幕按键

TIPS

同时按下睡眠/唤醒按键和主屏幕键半秒钟，用户将听到“咔嚓”一声，当前屏幕所显示的内容将以png格式图片储存在照片库中，这就是iPad自带的实用抓屏功能。

1.1.4 音量控制按钮

在iPad屏幕右侧上方，有一个音量控制按钮，按住它的两端可以增大或减小音量。

TIPS
长按音量减小可以迅速进入静音状态。

当你调整音量时，屏幕上会出现相应的喇叭音量提示。

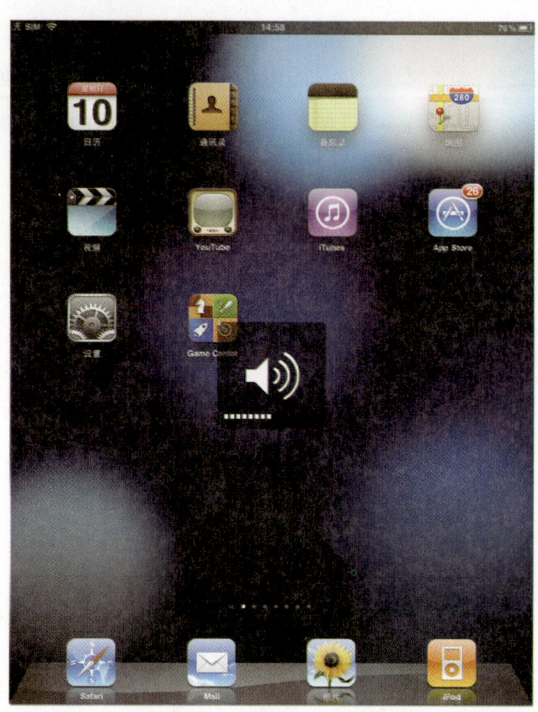

1.2 iPad操作指南

iPad拥有9.7英寸LED背光镜面宽屏幕，包含耐指纹抗油涂层。具有 IPS 技术，分辨率为1024×768像素，132ppi清晰度，具有极佳的视觉效果，使用这样的产品完全称得上是一种享受。iPad的基本操作也极其简单，包括轻点与触摸屏幕、捏夹、拖拽等。

1.2.1 轻点与触摸屏幕

iPad没有鼠标，所以触摸屏上也就没有光标。当用户使用手指轻触屏幕时，基本上可以看做是电脑操作中的鼠标单击。iPad上的按键操作多数都可以通过一次轻触实现。例如，轻点主屏幕上的Safari图标，就可以打开Safari浏览器。

在某些情况下，用户也可以在同一位置轻点2次，例如，在浏览网页时，轻点网页中的图像两次，就可以进行放大，再次轻点两次则可以还原图像。

除了轻点之外，用户还可以长时间按住屏幕图标或操作对象。在主屏幕中，如果长按某个应用程序图标，则该屏幕上的所有图标都将开始晃动，有些图标的左上角还会出现删除标记（×），轻点它可以将选定的应用程序删除。当然，系统默认安装的Safari浏览器、“日历”、“设置”等图标的左上角是不会出现删除标记的，这也意味着用户无法将它们删除。

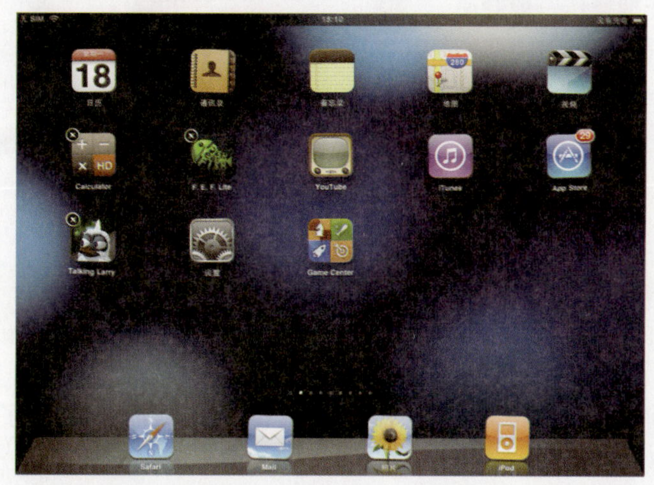

TIPS 要使图标停止晃动，可以按主屏幕按键。

1.2.2 捏夹操作与屏幕缩放

iPad的屏幕是多点触摸屏，这意味着它在同一时间可以检测到用户的多次触摸，捏夹与缩放操作正是利用这一特性实现的。

所谓“捏夹”，就是指同时使用拇指和食指触摸屏幕，使二者以夹紧的手势相对运动，就好像你要从屏幕上捏起一根头发或碎屑一样。在网页中浏览图片时，向内捏夹可以缩小图片，而反向捏夹则可以放大图片。

在播放视频时，也可以通过捏夹操作轻松放大或缩小视频。

1.2.3 拖拽

在手指触摸屏幕之后，不要立即抬起，而是向上、下、左、右移动，则构成拖拽操作。拖拽操作一般会使屏幕内容发生移动。例如，在浏览网页时，上下拖拽操作就可以使页面滚动显示。

1.3 iPad 电源和附件

除了上述基础操作之外，读者还需要对其他接口或附件有所了解，例如iPad电源、输入与输出接口、iPad实用附件等。

1.3.1 iPad电源

iPad内置25Whr可充电锂聚合物电池，无线上网、观赏视频或收听音乐使用时间可长达10小时，可通过电源适配器或电脑USB端口充电。

当iPad处于低电量状态时，用户需要给它充电10分钟以上才能使用它。充电时，请确定使用的是iPad附带的10W USB电源适配器（充电速度最快）还是近期推出的Mac上的USB端口。如果用户连接的是旧Mac上的USB端口，或者连接到PC、键盘或USB集线器上的USB端口，则iPad可能无法充电。在锁屏状态下，通过连接电脑USB端口可以给iPad充电，但是非常缓慢。现在华硕、技嘉等厂商开发出了新的电脑主板产品，通过它们的USB端口是可以给iPad充电的。

TIPS

虽然iPad的充电器和iPhone的充电器外观一样，但iPhone的充电器是5W，而iPad的充电器是10W。两者的充电电流都是5V，但iPhone的充电电流是1A，而iPad充电器的电流却是2.1A。所以，使用iPhone充电器可以给iPad充电，只不过速度会比较慢，不要尝试用iPad的充电器给iPhone充电，否则可能会带来不良后果，最好的方式就是专充专用。

iPad、iPhone、iPod等苹果的高容量电池还存在一个问题，那就是在低电或电尽后低环境温度情况下无法充电开机。解决方法非常简单，只要用安全的方法把iPad加温到15度以上就可以充电开机了。安全的方法包括使用电吹风、暖手宝、热空调风吹等。

iPad待机时间长达30天左右，所以不关机影响不大，但是要记得关闭或退出程序，因为iPad在使用阶段（例如玩游戏、上网浏览等），每小时耗电10%左右。

1.3.2 输入与输出接口

在输出方面，iPad内置了扬声器，位于主屏幕按键的右下方。

iPad的耳机插孔是标准3.5mm耳机插孔，可以使用市售绝大多数的耳机。使用iPod或者iPhone的线控耳机还可以实现耳机线控的功能。

在iPad耳机插孔旁边的是麦克风。

1.3.3 iPad原装键盘底座

iPad的实质是平板电脑，苹果公司也为它准备了一个底座，这样你就可以让iPad垂直站立，使它看起来更像一台笔记本电脑。要连接iPad和底座，可以使iPad底面中部的30针USB线插口对准底座上的USB接口。

iPad原装键盘底座是iPad最重要的附件之一，它将充电底座与全尺寸键盘结合在一起，包括特设按键，以方便启动iPad功能，底座备有30针连接器，可通过USB电源转换器连接电源接头、与计算机同步以及使用其他接口设备等。

iPad键盘底座的常见应用包括：

1. 利用随附的USB连接线将底座连接到计算机，即可对iPad进行同步。

2. 利用iPad USB连接线连接电源接头为iPad充电。

3. 利用底座将iPad保持在理想角度，以便使用键盘输入网址、撰写电子邮件或笔记，或观看你喜爱的影片或相册幻灯片。

4. 利用立体声连接线，将底座连接至立体声耳机或扬声器，欣赏iPad播放的音乐。

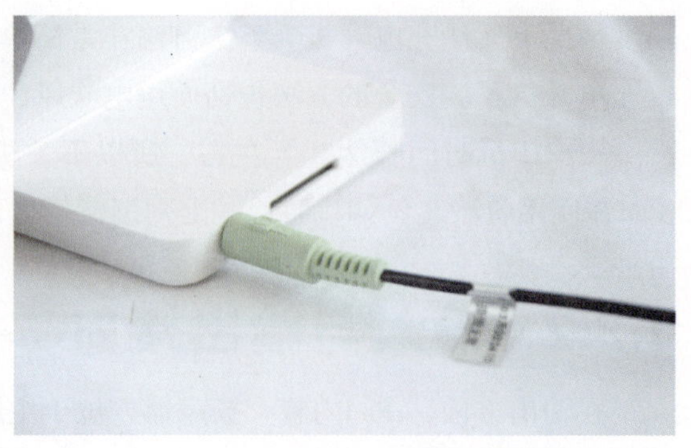

iPad底座键盘使用超薄的镀铝外壳配上低平的按键，提供扎实且立即回应的触感，袖珍体积适用于窄小空间。一触式的特别按键，可以让用户使用各种iPad功能，如主屏幕、快速搜索、显示器亮度、相框模式、屏幕键盘以及屏幕锁等。

除了键盘底座之外，iPad还包括其他一些实用附件，例如贴膜、皮套等。目前为iPad和iPad2生产附件的厂家很多，用户不妨去当地电子城市场去逛一逛，在那里也许能找到更多让你感兴趣的iPad附件。

第2章

iPad 初体验

如果用户已经使用过诸如iPod、iPhone、iTouch之类的苹果产品，那么iPad带给你的新鲜感可能并不多；如果用户从未接触过上述产品，那么，iPad应该会让你感到新奇而有趣。现在就让我们一起来体验一下，看一看iPad里面最为基础的一些应用，例如基本设置、日历等。

2.1 iPad基本设置

在使用iPad/iPad2之前，用户可以对它进行一些自定义设置，使iPad带上你的个人色彩。例如，用户可以设置iPad的保护密码和墙纸，也可以修改键盘设置或警告音等，顺便还可以由此熟悉一下iPad的操作方式。

2.1.1 设置保护密码

在未设置保护的情况下，任何接触到用户的iPad的人都可以打开和使用iPad。所以，如果用户想限制他人使用你的iPad，则可以设置密码保护。其具体操作方法如下：

1 轻点主屏幕上的“设置”图标。

2 在左侧的“设置”列表中轻点“通用”。

3 在右面的“通用”列表中轻点“密码锁定”。

4 在出现“密码锁定”设置界面时，轻点“打开密码”。

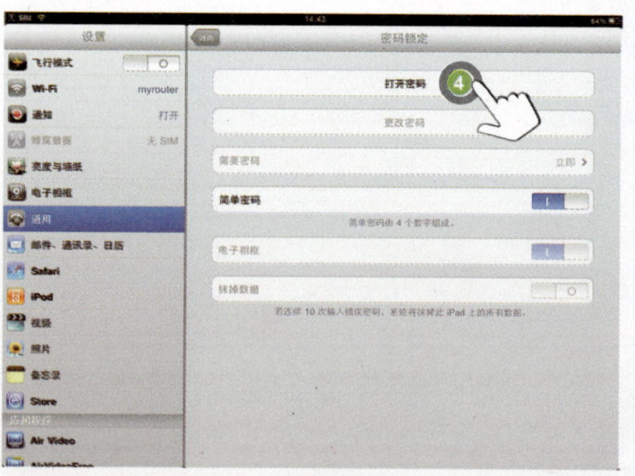

5 在出现“设置密码”对话框时，输入4位数密码。

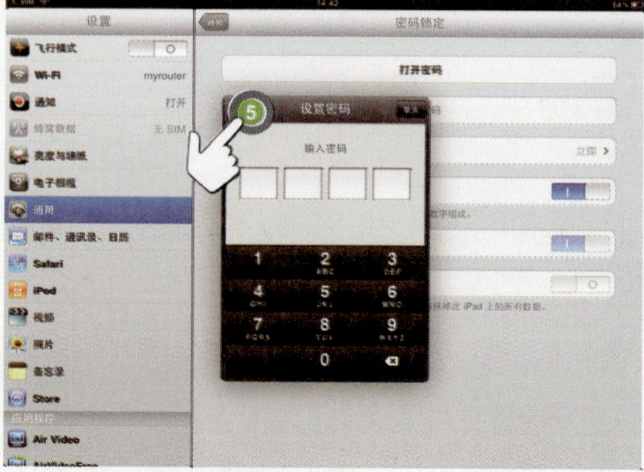

6 系统会要求你再次输入，以确认密码无误。

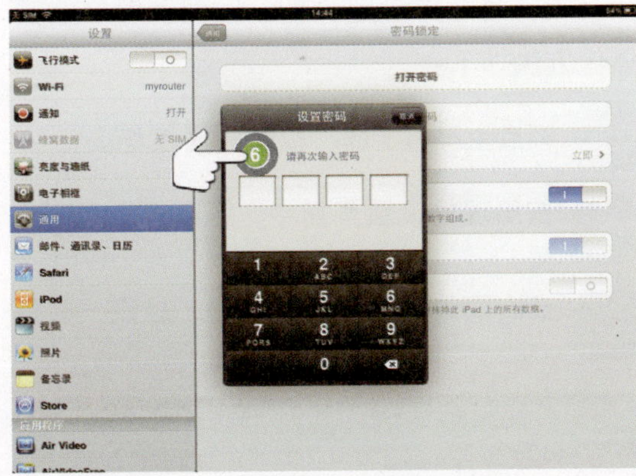

7 密码输入之后将立即生效。下次如果有人试图打开你的iPad时，将会被要求输入正确的密码才能进入。

TIPS

从上述密码设置过程你可以看出，这个密码保护机制相对较弱，事实上，它很可能是为了防止你家中的小孩随意使用iPad而设计的。如果你忘记了自己的密码，则只能将iPad与电脑连接起来，通过iTunes进行恢复。

2.1.2 更改墙纸

所谓“墙纸”，其实和Windows操作系统的桌面背景一样，都只是系统默认显示的一副图片而已。iPad墙纸包括两种，即：主屏幕背景和锁定屏幕背景。

要更改iPad墙纸，请按以下步骤操作：

1 在主屏幕上轻点“设置”图标。

2 在左侧的“设置”列表中轻点“亮度与墙纸”。

3 在右侧的“亮度与墙纸”选项中，轻点一种屏幕类型。其中，左面的是锁定屏幕，右面的则是主屏幕。

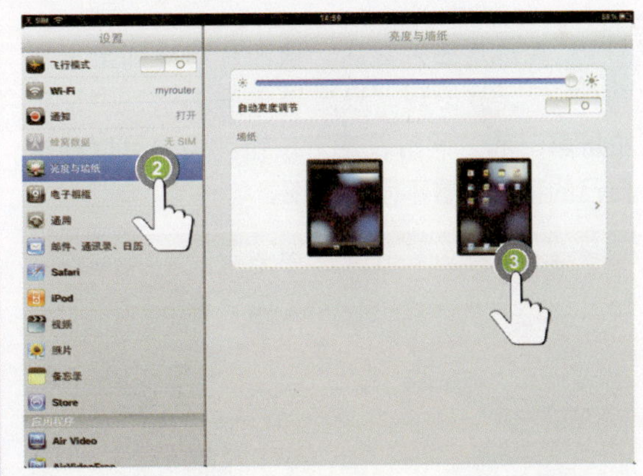

4 在出现“墙纸”、“存储的照片”和“照片图库”分类时，轻点“墙纸”分类项。

5 现在你可以看到iPad提供的若干种墙纸。轻点即可选择一种。

6 在选定图片之后，该图片将立即全屏显示，并出现“设定锁定屏幕”、“设定主屏幕”和“同时设定”按钮。用户可以根据自己的喜好设置不同的壁纸。

7 设定完成之后，按主屏幕键退出，现在你就可以看到新的主屏幕壁纸了。

2.1.3 设置日期和时间

iPad允许你设定日期、时间和时区。其操作方法如下：

1 轻点主屏幕上的“设置”图标。

2 在出现的设置画面中，轻点“通用”分类。

3 在右面的“通用”选项中，轻点“日期与时间”。

4 在出现“日期与时间”选项之后，轻点“时区”可以选择不同的时区。对于简体中文版本而言，默认为“北京”。

5 轻点“设定日期与时间”选项，会出现一个新的对话框。

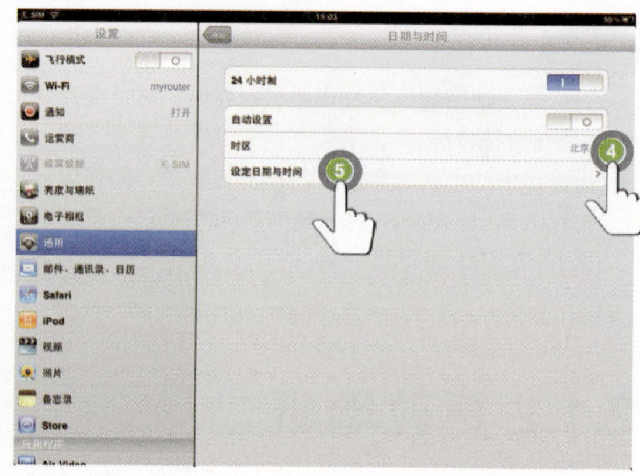

6 轻点日期，当前日期将以蓝色突出显示，用户可以在转轮中选择年、月、日了。

7 轻点选择当前时间，就可以在转轮中选择不同的小时和分钟值。

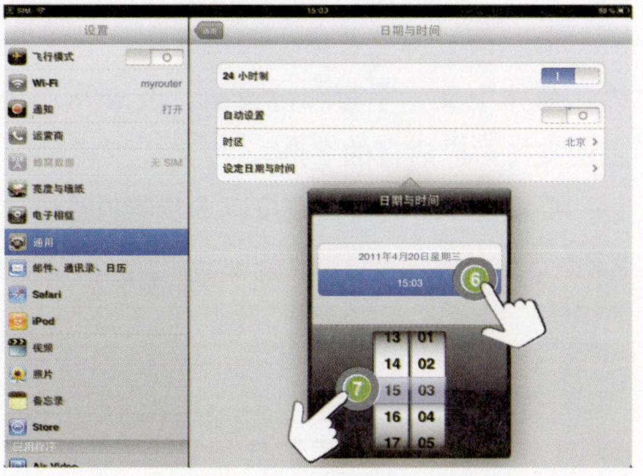

2.1.4 设置警告音

所谓“警告音”，就是用户在操作iPad时可能触发的声响。例如，在使用屏幕键盘时就可能会产生模拟的按键声。如果需要在使用iPad时保持绝对安静，则可以调整警告音设置。其操作方法如下：

1 轻点主屏幕上的“设置”图标。

2 在出现的设置画面中，轻点“通用”分类。

3 在右面的“通用”选项中，轻点“声音”选项。

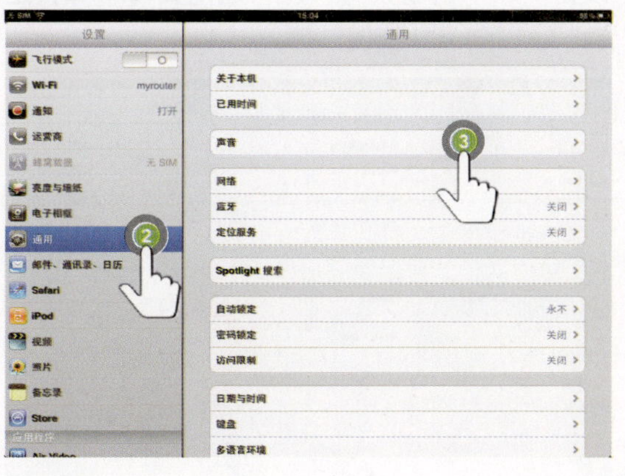

4 在出现的“声音”选项中，拖动音量圆形滑块可以调节音量的大小。

5 在“收到新邮件”、“发送邮件”、“日历提醒”、“锁定声”和“按键音”5个选项后面的按钮上轻点，可以打开或关闭这些事件的声音效果。

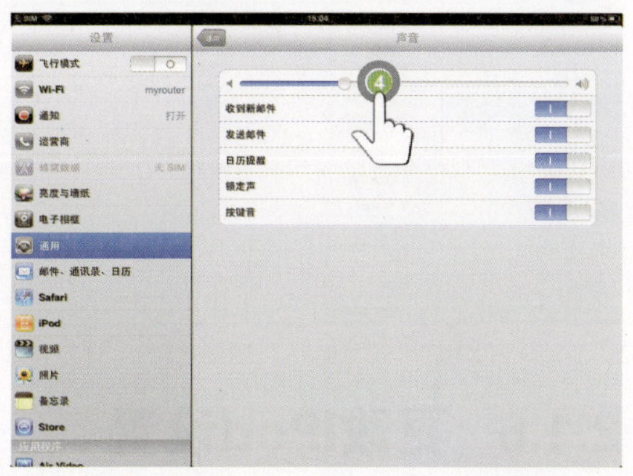

2.1.5 查看iPad产品信息

每款iPad产品都有自己的信息，例如硬盘容量、iPad操作系统版本、WiFi地址等。在有些时候，用户可能需要这些信息。要查看iPad信息，请按以下步骤操作：

1 轻点主屏幕上的“设置”图标。

2 在出现的设置画面中，轻点“通用”分类。

3 在右面的“通用”选项中，轻点“关于本机”选项。

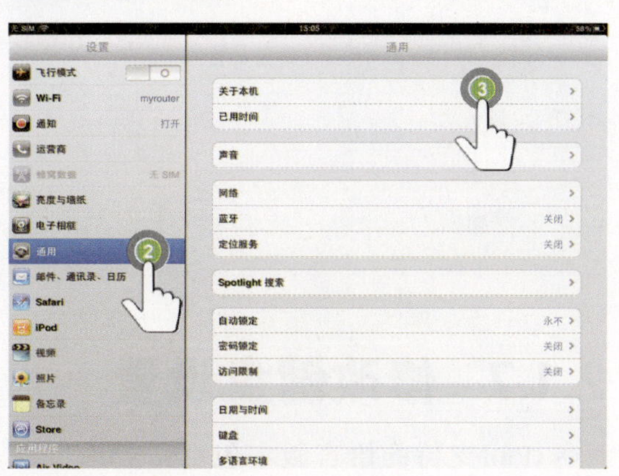

4 现在你所看见的就是本机一些基本信息。例如本机歌曲、视频、照片和应用程序数目，磁盘总容量、可用空间，iOS版本等。

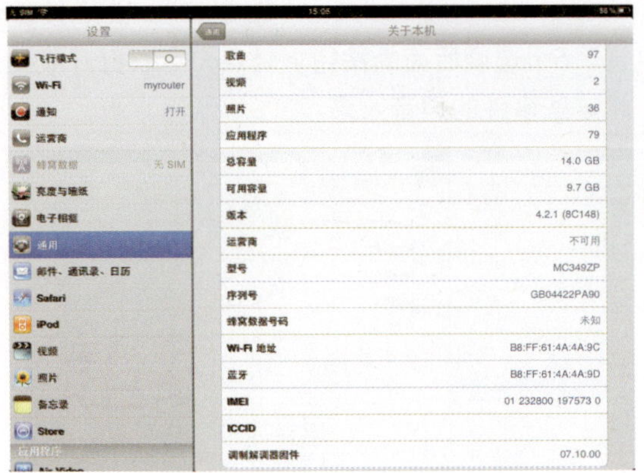

2.1.6 更改iPod设置

在iPad中，iPod被定义为音乐播放器，用户可以对音乐播放的某些选项进行设置，其操作方法如下：

1 轻点主屏幕上的"设置" 图标。

2 在出现的设置画面中，轻点"iPod"分类。

3 在右面的iPod选项中，选择开启或关闭所需要的功能。

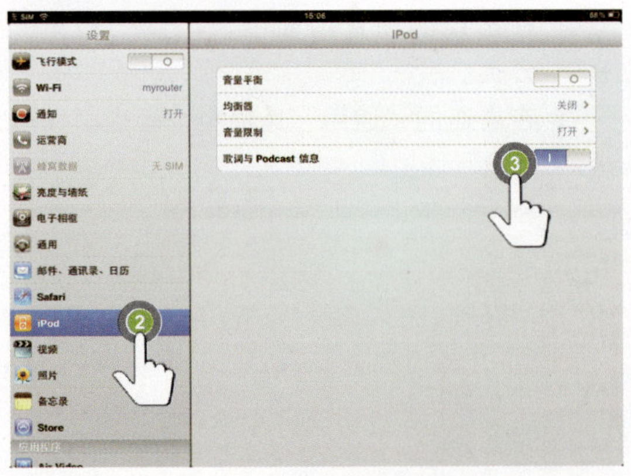

2.1.7 修改键盘设置

iPad支持的语言版本包括：英语、法语、德语、日语、荷兰语、意大利语、西班牙语、简体中文、俄语等。相应地，它支持以下语言的键盘：英语（美国）、英语（英国）、法语（法国、加拿大）、德国、日语、荷兰语、佛兰芒语、西班牙语、意大利语、简体中文（手写和拼音）、俄语等，并且还支持对应语言的字典。

要设置iPad键盘，请按以下步骤操作：

1 轻点主屏幕上的"设置" 图标。

2 在出现的设置画面中，轻点"通用"分类。

3 在右面的"通用"选项画面中，轻点"键盘"项目。

4 在出现的"键盘"选项中，开启或禁用与键盘输入相关的功能，包括："自动改正"、"自动大写"、"启用大写字母锁定键"、"句号快捷键"等。

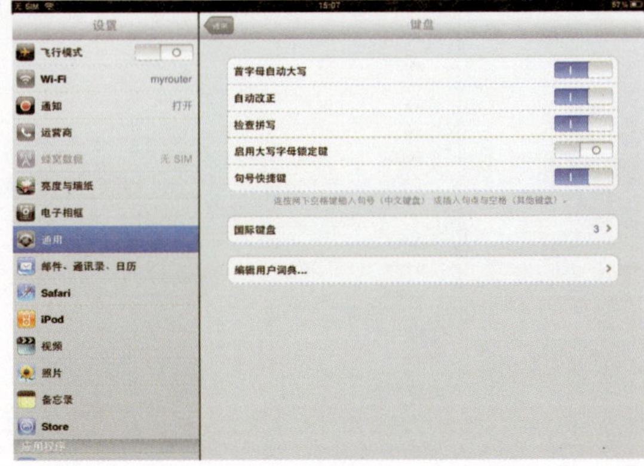

5 轻点“国际键盘”，可以看到中文版本iPad默认支持的3种输入法：中文（简体）拼音输入、中文（简体）手写输入以及英文输入。如果你要使用更多输入法，则可以轻点“添加新键盘”。

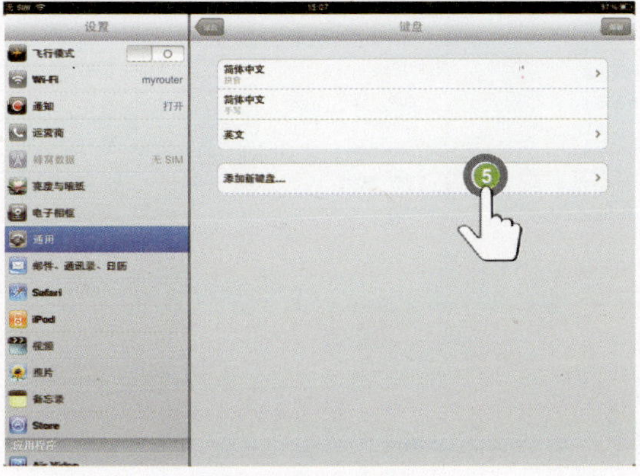

2.1.8 其他设置

如果你的iPad平时经常会有别人（或者是小孩）使用，这时候可通过“设置”里面的“通用”菜单下面的“限制”项目来禁止使用APP Store应用，以防止他人误操作购买了付费应用。其操作方法如下：

1 轻点主屏幕上的“设置”图标。

2 在出现的设置画面中，轻点“通用”分类。

3 在右面的“通用”选项画面中，轻点“访问限制”项目。

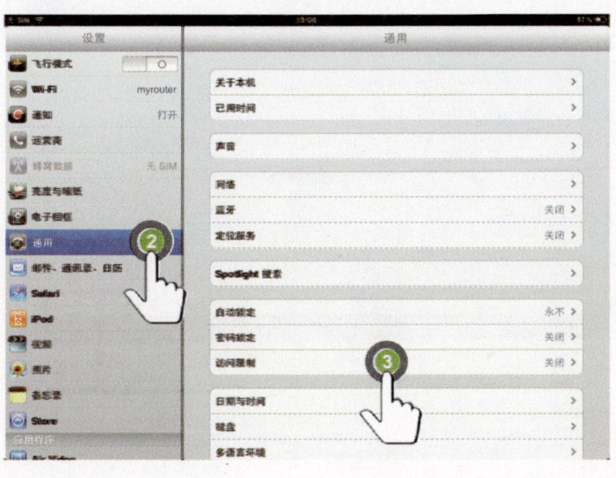

4 在右面出现的“访问限制”画面中，轻点“启用访问限制”按钮。

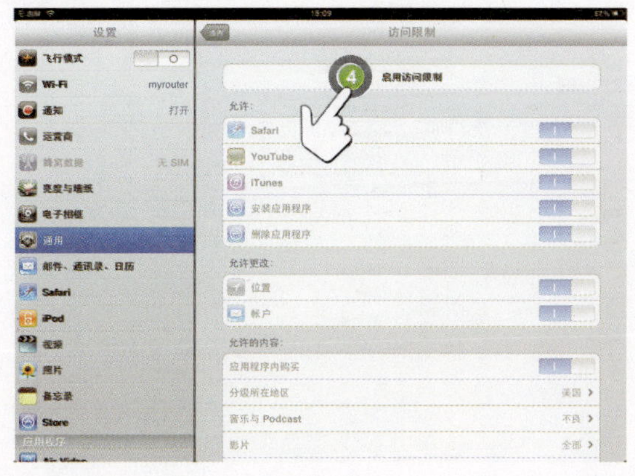

5 此时系统会打开一个“设置密码”对话框，要求你输入限制密码。只有掌握了该密码的人才可以运行受限制的项目。该密码是4位数的数字，用户可以随意设置，但是千万不要忘记。

6 在输入4位数密码之后，为了防止误输入，你需要再次输入密码以确认。

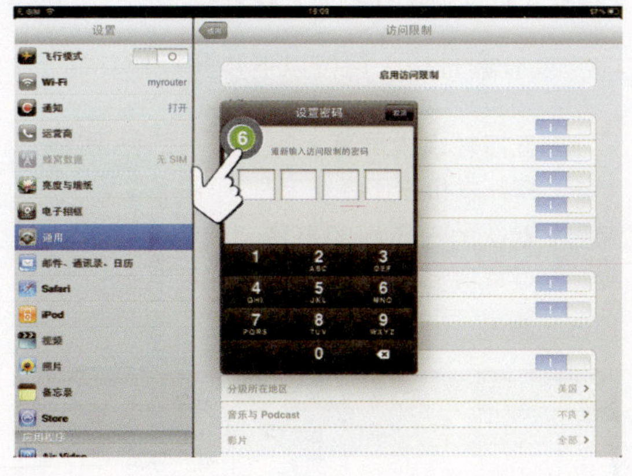

7 在设置密码之后，你可以设置限制操作的内容。例如，在“允许”项目中，你可以轻点“安装应用程序”右面的按钮，以关闭其执行，这样，如果没有密码的话，使用本机的人就无法进行安装应用程序的操作了。

8 轻点“应用程序内购买”右面的按钮，关闭该操作，使受限制的用户无法购买任何内容或应用。

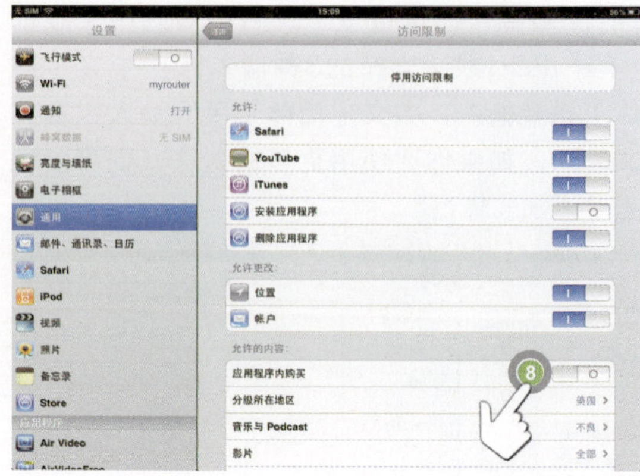

2.2 设置日历

使用iPad可以方便地查看日历，按日、按周、按月或按列表查看事件，这等于给iPad用户增加了一个贴心的日记本或记事本。

2.2.1 查看日历

要查看日历，请按以下步骤操作：

1. 直接轻点主屏幕上的“日历”图标，打开本机日历。

2. 默认的日历视图是按“日”显示的，用户可以轻点顶部的“列表”按钮，以切换日历视图。

3. 轻点顶部的“月”按钮，可以按月显示日历。这时用户在底部可以看到年份显示。轻点底部的向左或向右按钮可以跳转月份。

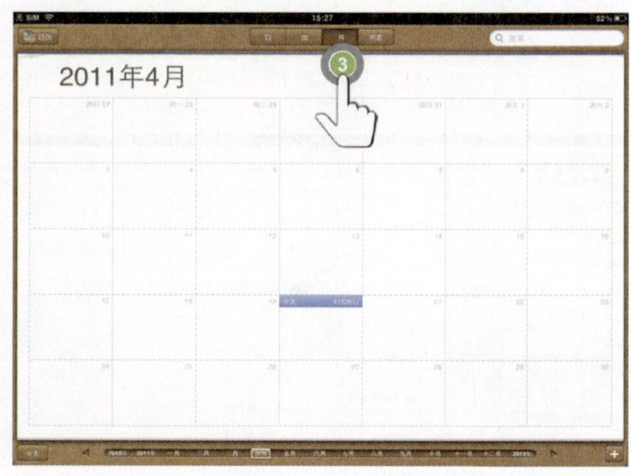

4 在使用日历时，如果要选择未来或者过去几年或十几年的某天，那么不断向前或向后点击年份可能会比较麻烦，这里有一种比较快捷的办法，就是长时间按住年份，这时候年份会自动向前或向后变更，直到到达目标年限后，松开手指，年份变动便会自动停止。

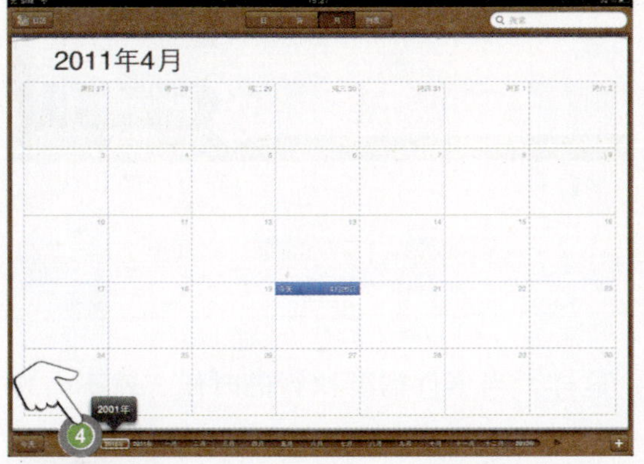

TIPS

快速切换年份的操作必须在按月显示的日历中进行，因为按日、按周或列表显示的日历都不会出现年份。

2.2.2 添加事件

所谓“事件”，就是对于已经发生或即将发生的事情的描述。例如，“开会”就是典型的事件。在iPad中添加和编辑事件，既可以提醒你即将发生的事情，也可以帮助你记忆已经发生的事情。从这个意义上说，iPad可以成为你最忠实的伙伴或助理。

要在iPad中添加事件，请按以下步骤操作：

1 在打开日历之后，单击右下角的加号 + 按钮。

2 此时系统将出现“添加事件”对话框，光标停放在“标题”框中，并且自动显示一个屏幕键盘，允许你输入新事件的内容。

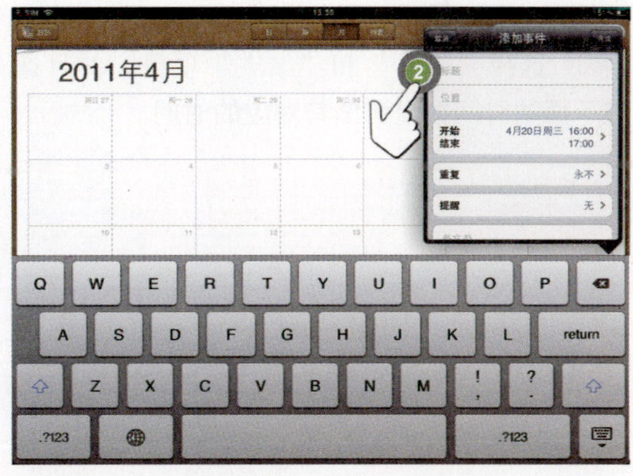

3 要使屏幕键盘切换到中文输入法，可以轻点国际键盘键，选择“简体拼音输入”或“简体手写输入”。

4 在标题框中输入新事件的标题。

5 轻点“开始 结束”选项，设置事件的开始和结束时间。

6 在出现的“开始与结束”窗口中，分别选择“开始”和“结束”项目，并且通过下面的时间拨盘调整其对应的时间。

2.2.3 设置提醒

对于新添加的事件，用户还可以设置提醒，这样，当事件需要执行的时候，就不会忘记。其操作方法如下：

1 在“添加事件”对话框中，上下推动其内容，以找到并轻点“提醒”选项。

2 在出现的“事件提醒”对话框中，轻点“30分钟前”，这表示在约定的事件执行前30分钟，iPad将及时提醒你。

3 轻点“完成”按钮以确认操作。

第3章

使用iTunes

要想灵活使用iPad，就必须了解和掌握iTunes软件，因为它是iPad和电脑之间的联系纽带。如果用户位于缺乏无线网络的环境中，那么iTunes的应用就显得更加重要，因为你可以通过它在电脑上购买和下载应用程序、音乐和图书等，然后同步到iPad中。

3.1 下载和安装iTunes软件

抛开时尚和外观等因素不谈，iPad实际上也是一台电脑。和普通PC不同的是，iPad使用的是苹果iOS操作系统，而不是微软的Windows系统。另外，iPad上的iTunes Store和APP Store等都需要网络支持，如果用户暂时还没有无线网络环境，则可以先将iPad连接到电脑上，然后通过iTunes购买和安装各种应用程序或获取其他资源。

3.1.1 什么是iTunes?

如果用户从来没有使用过苹果的iPod、iTouch、iPhone等产品，那么对于iTunes可能会比较陌生。其实，iTunes软件本来只是苹果开发的一款数字媒体播放应用程序，它可以管理和播放iPod数字媒体播放器上的内容。后来，iTunes增加了iTunes Store功能，用户能连线到iTunes Store(必须要有网络连接支持)，购买和下载新的数字音乐、视频、电视节目、iPod 游戏以及标准长片等，从而使iTunes在苹果的系列产品中变得非常重要。

在2003年10月，苹果公司在新开发的iTunes 4.1版本中，加入了对Windows 2000与Windows XP操作系统的支持。目前，用户已经可以在Windows 7系统上运行iTunes了。所以，如果你暂时无法使用iPad直接联网，则可以通过自己的PC或笔记本电脑联网，下载最新的iPad应用软件、游戏和图书等，然后通过iTunes同步到iPad中，这样，即使用户缺乏网络支持，也同样可以通过iPad看新版电子书，玩游戏等，实现iPad的精彩应用。

总之，在将iTunes安装到电脑中后，它就相当于用户的内容仓库，包括音乐、书籍、视频、软件、照片、通讯录、邮件、书签等在内的iPad文件资料和应用程序数据，都将存放在iTunes里，由它对连接到电脑上的iOS设备（iPad、iPhone、iTouch等）进行分发。

3.1.2 下载和安装iTunes软件

iTunes是完全免费的软件，用户可以放心下载和安装使用。要下载最新版的iTunes软件，可以在你的电脑浏览器中执行以下操作：

1. 在浏览器地址栏中输入苹果公司的官方网址www.apple.com。
2. 在出现的页面中单击“iTunes”按钮。
3. 在iTunes页面中单击Download Now（立即下载）按钮。

在成功下载iTunes之后，你需要将它安装在自己的PC或笔记本电脑上。其操作方法如下：

1 双击下载的iTunesSetup.exe文件，在出现安装向导时单击“下一步”按钮。

2 选择“我接受许可协议中的条款”，然后单击“下一步”按钮。

3 在出现“安装选项”界面时，可以设置安装目标文件夹。iTunes的文件并不大，所以按默认安装在C盘即可。单击“安装”按钮。

4 iTunes安装完成，按默认的选中“在安装程序退出后打开iTunes”复选框，单击“结束”按钮。

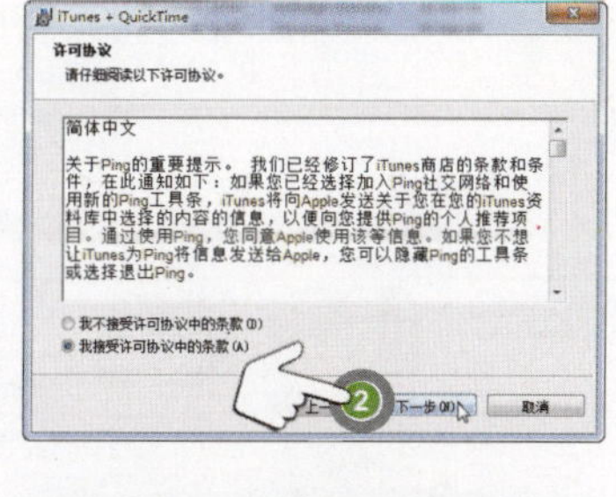

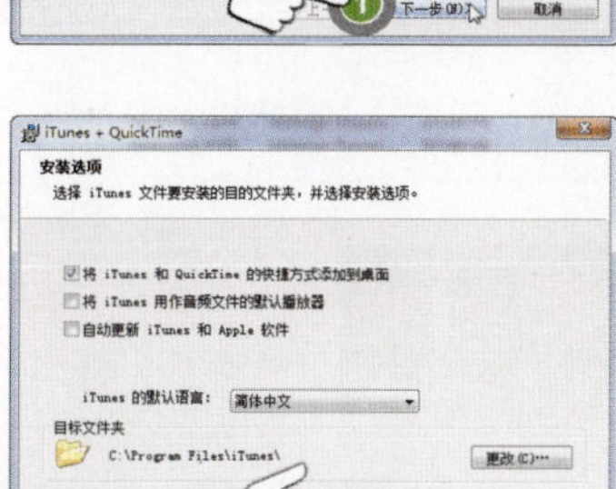

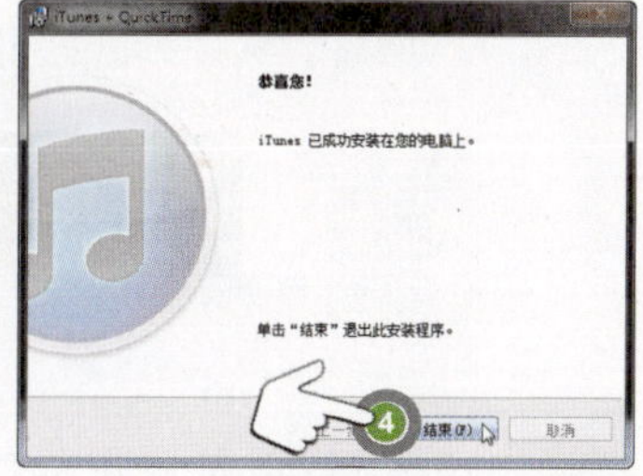

现在iTunes已经安装和设置完毕，接下来我们就可以通过它将iPad和电脑连接起来。

3.2 下载和安装iTunes软件

iTunes是电脑和iPad之间的桥梁，但是，在用户将iPad和电脑连接同步之前，你还有一项很重要的事情要做，那就是证明身份，以便iTunes Store能识别软件购买者，而这个证明身份的方法，就是创建一个iTunes账户，以后用户就可以通过该帐户来购买iTunes Store中的应用程序，并且控制电脑和iPad之间的数据同步。

3.2.1 创建iTunes账号

很多国内用户在试图创建自己的iTunes账户时都遇到过一个问题，那就是没有国际信用卡，在填写资料时遇到麻烦。其实，这个问题很好解决，现在我们就来告诉你如何操作：

1 在启动iTunes之后，单击左侧列表中的iTunes Store（iTunes商店），然后在右面的窗格中，找到“免费应用软件”分类，单击选择任意一款免费软件或游戏。

2 在出现该游戏的购买页面时，单击“免费应用程序”按钮。

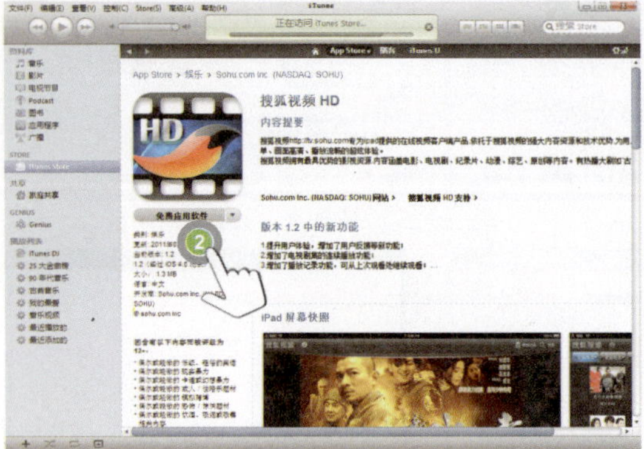

3 由于下载免费应用程序也需要身份验证，所以此时系统会弹出要求登录的界面，如果用户没有Apple账户，则可以单击“创建新账户”按钮。

4 在出现iTunes Store的欢迎屏幕时，单击“继续”按钮即可。

5 在出现iTunes服务条款时，选中“我已阅读并同意以上条款与条件”复选框，然后单击“继续”按钮。

6 在提示创建iTunes Store账户时，输入你的电子邮件地址、密码、问题和答案以及出生日期等信息，单击“继续”按钮。

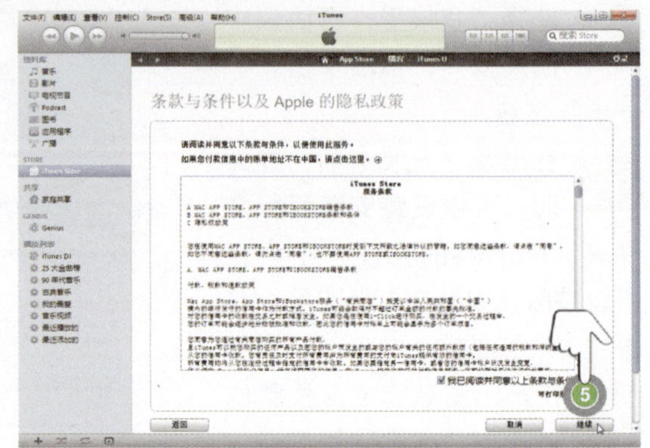

TIPS

出生日期不能填得太小（例如2010），非成年人不能注册ID。

7 在出现付款方式选项时，选中VISA、MasterCard等信用卡，如果都没有，就选择“无”。然后填写姓名、地址、城市、电话等信息，单击“继续”按钮。

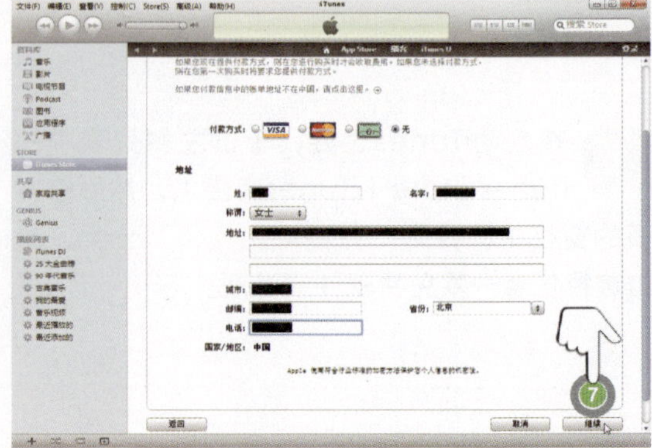

8 在提示需要验证账户时，单击“完成”按钮即可。

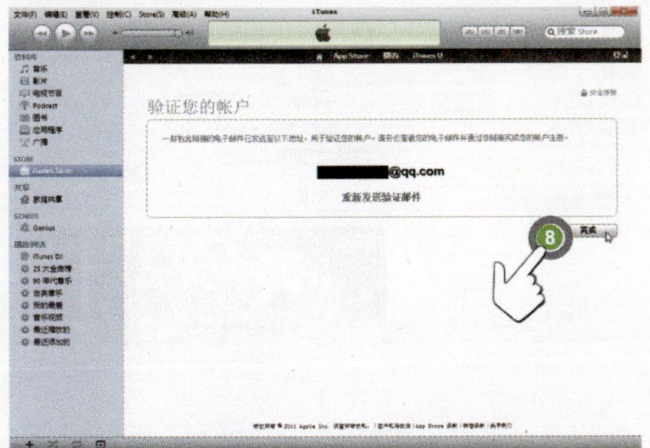

TIPS

这个窗口别着急关闭，如果你检查自己的电子邮箱并没有发现验证邮件件时，可以单击“重新发送验证邮件”。

9 现在登录你的电子邮箱，就应该可以看到新创建帐户的验证邮件，单击“立即验证”。

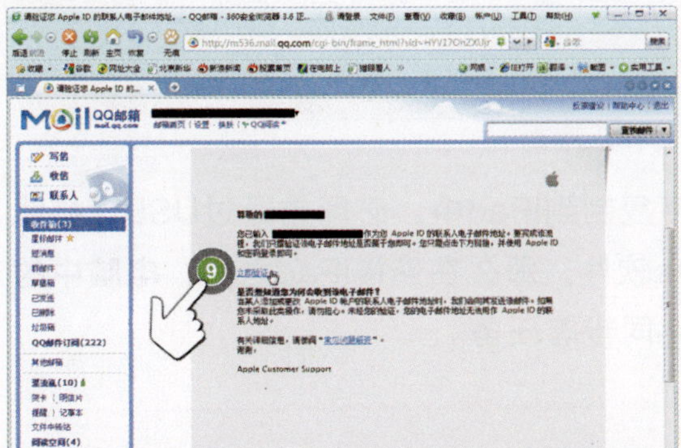

10 在“我的Apple ID”验证页面中，输入步骤6你注册时所填写的邮件地址和密码，然后单击“验证地址”按钮。

11 验证通过之后，你所创建的账户就已经生效了，单击“返回到Store”按钮即可。

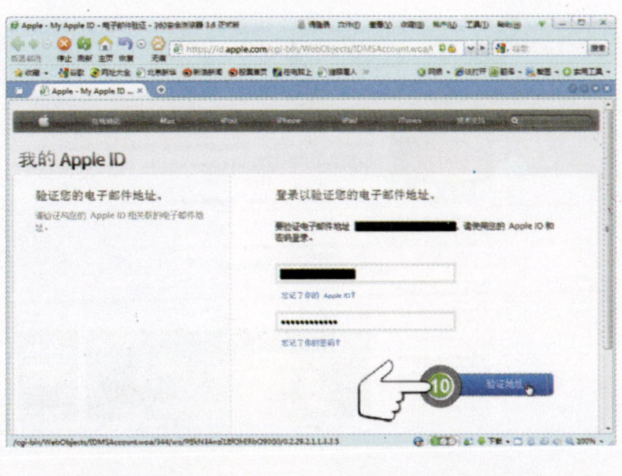

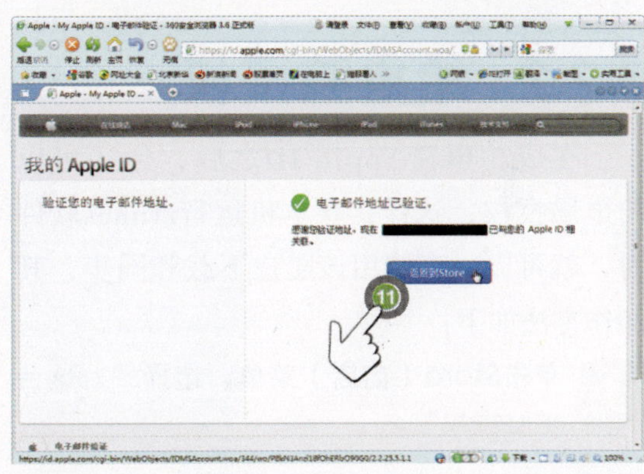

12 现在返回到iTunes界面，系统将提示你的Apple ID已经成功创建。单击“完成”按钮即可。

13 在成功注册iTunes账户之后，刚才购买的免费程序即可下载了。在iTunes播放窗口中可以查看到下载进度。

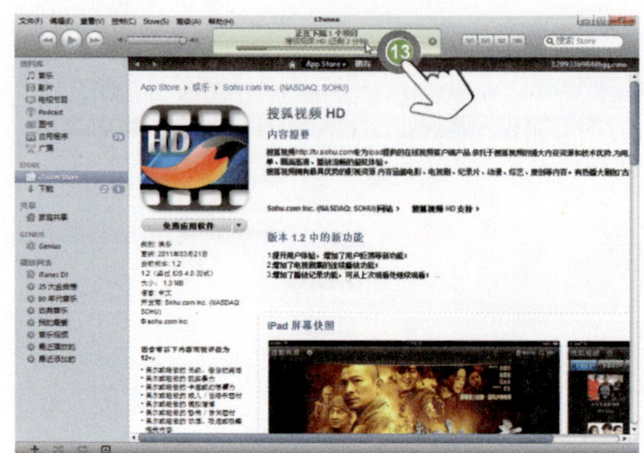

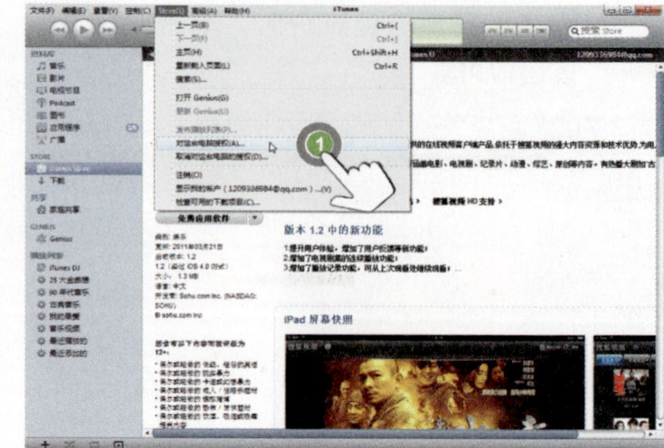

3.2.2 给电脑授权

在成功申请Apple ID之后，你还可以给电脑授权，这样，在本机运行iTunes软件时，就可以一直使用该账户下载和同步，其操作方法如下：

1 单击Store（商店）菜单，选择“对这台电脑授权”。

2 在出现的对话框中，输入你所创建的Apple ID和密码，然后单击“授权”按钮。

3 授权成功之后，系统将出现对话框，提示用户每个账户只能对5台电脑授权。单击OK按钮即可。

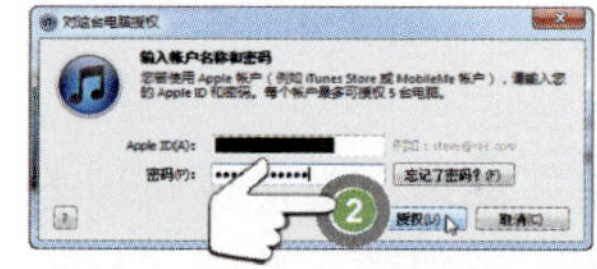

3.3 连接iPad和电脑

要将电脑中的音乐、数据文件或应用程序复制到iPad中，必须先通过USB连接线将二者连接起来。如果用户已经安装了iTunes软件，那么在连接iPad之后，电脑中的iTunes软件将自动启动，以帮助用户处理文件同步等任务。

3.3.1 将iPad连接到电脑上

iOS设备（包括iPad、iTouch、iPod、iPhone等）使用自带的USB连接线连接电脑。在连接到电脑之后，iTunes会给它发放一个ID，也就是在iTunes设备列表中看到的设备名称。对应该ID将有一个备份的记录，其中就包括了这个iOS设备的软件和内容。

要连接iPad和电脑，请按以下步骤操作：

1 使用iPad充电器USB连接线的一端（正面朝上）插入iPad底部插槽。

2 将USB连接端插入电脑的USB插槽。

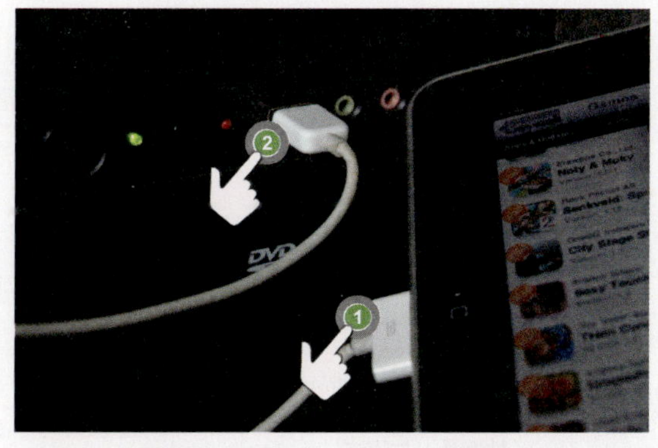

3 iTunes软件将立即启动，并且在设备列表中显示它所识别的设备。

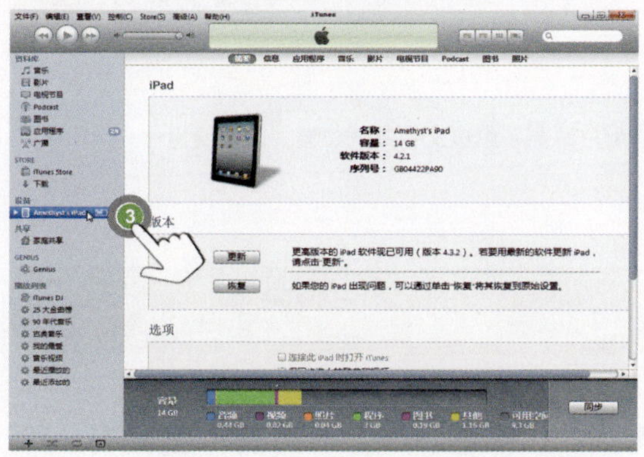

4 如果你的设备iOS并非最新版，则iTunes会显示一个对话框，提示有新的iPad软件可供下载和更新。如果你不打算越狱使用本机，则可以单击“下载并更新”按钮。如果你打算越狱，则可以单击“取消”按钮，拒绝更新到最新版的iOS系统。

TIPS

如果你有多个iOS设备，则都可以通过这种方式连接到电脑，并且同步获取当前账户下的应用程序。

3.3.2 设置iTunes

当用户在电脑中使用iTunes时，它的主要功能就是和iPad进行沟通而不是播放音乐，所以，用户还可以对它进行一些设置，以便更好地应用它。其操作方法如下：

1 单击“编辑”菜单，选择“偏好设置”命令。

2 在出现iTunes设置对话框时，单击“常规”选项卡，然后就可以选中或清除“源”中的项目。选中的源项目将出现在“资料库”列表中。

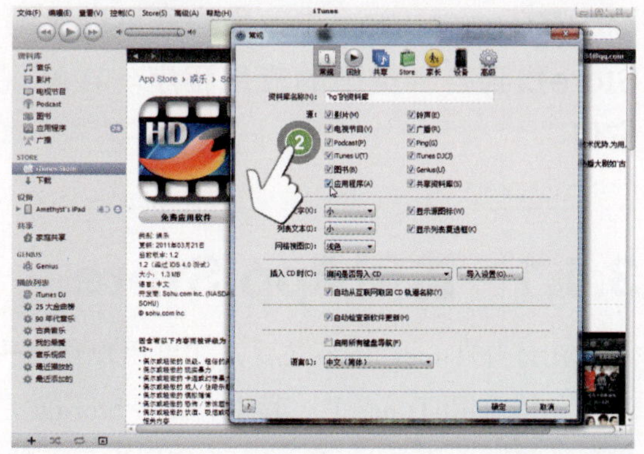

3 单击“设备”选项卡，选中“防止iPod、iPhone和iPad自动同步”复选框。选中该项之后，每次你连接iPad和电脑时，就不会自动同步了。

4 单击“高级”选项卡，可以看到iTunes Media文件夹的位置，单击“更改”按钮可以选择一个新位置。

5 单击“确定”按钮，这些设置将立即生效。

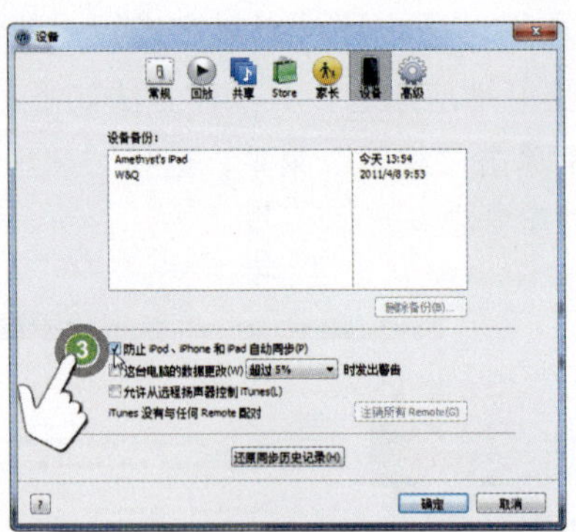

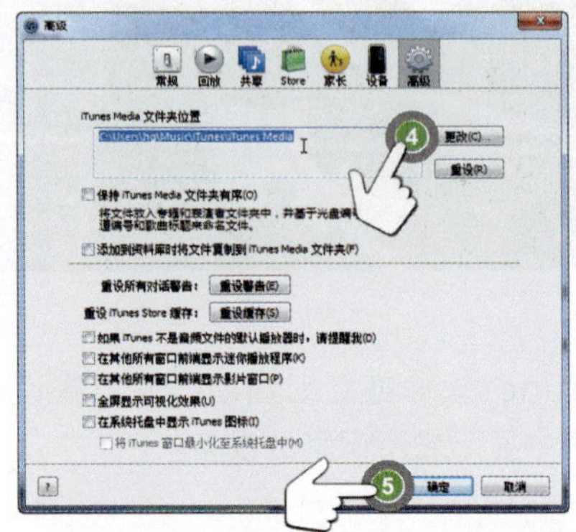

TIPS
一般按默认设置使用iTunes Media文件夹即可，但是用户需要了解该文件夹的位置，以方便操作。

3.4 访问iTunes Store

在iTunes软件的左侧列表中，用户会看到STORE（商店）列表，里面有一个iTunes Store，它实际上就是苹果公司和其他第三方厂商发布基于苹果系统应用的中心。在iTunes Store中，用户既可以找到音乐、电影和电视节目等，也可以通过App Store找到各种类型的应用程序。在发现合适的内容之后，用户就可以购买和下载它们。

3.4.1 访问App Store

在打开iTunes Store之后，如果用户是以中文账户登录的，则可以看到3个分类，即：App Store、博客和iTunes U。其中，App Store就是苹果公司的应用程序中心，App不是Apple（苹果）的简写，而是Application（应用程序）的简写。访问iTunes中内置的App Store，可以快速选择和下载各种你所中意的应用程序，其操作方法如下：

1 在打开的iTunes界面中，单击左侧列表里面的iTunes Store分类。

2 单击右侧顶部的App Store，从下拉菜单中选择一个分类，例如“游戏”。

3 现在你可以看到很多游戏列表。包括"新品推荐"、"热门产品"等。在页面右侧边栏还有"免费应用软件"排行，用户可以随便单击下载。例如"开心水族馆"。

4 在出现的"开心水族馆"软件购买页面中，单击"免费应用软件"。

5 iTunes将立即使用授权的账号下载该软件，如果你没有给电脑授权苹果ID，则iTunes会出现对话框，要求你输入苹果ID和密码。购买成功之后，iTunes会在顶部显示下载信息，包括下载进度和剩余时间等。重复上述操作，你还可以购买和下载更多的应用程序。

TIPS

在App Store中包括"游戏"、"书籍"、"教育"、"娱乐"等多种分类，你可以根据自己的需要选择购买和下载各种应用。

3.4.2 收听播客内容

iTunes Store中的"播客"分类主要包括音频和视频内容。例如，如果用户想要下载一些音频或视频内容，可以按以下步骤操作：

1 在iTunes界面中单击左侧的iTunes Store分类。

2 在右面顶部分类位置单击"播客"，然后选择"儿童与家庭"选项。

3 在出现的播客内容列表中，浏览并选择所中意的某个项目，例如“静雅思听”，单击即可订阅。

4 在出现的“静雅思听”专辑页面中，可以单击“免费订阅”按钮以确认订阅该播客内容。

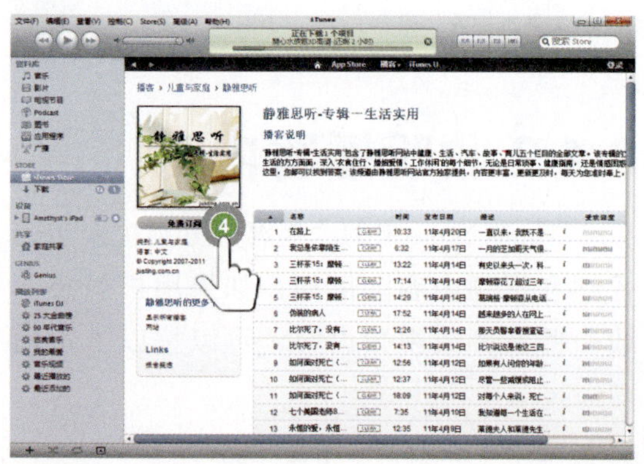

5 iTunes将出现对话框，询问用户是否需要订阅该内容，单击Subscribe（订阅）按钮即可。

6 订阅成功之后，系统将开始下载你所订阅的内容。在iTunes顶部播放窗口内将显示下载信息和进度等。

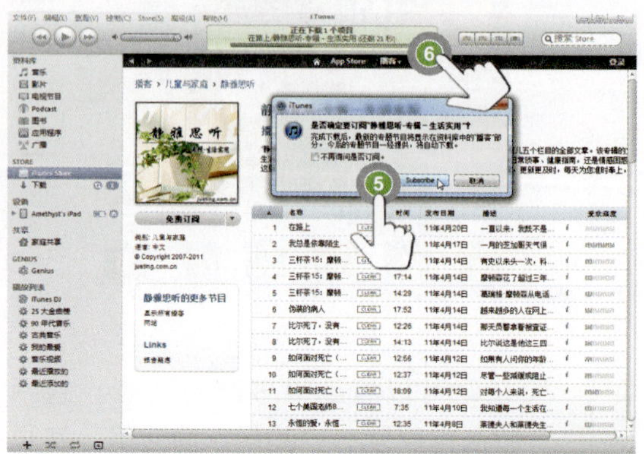

7 你也可以选择不订阅而直接收听内容，方法是单击播客内容列表前面的播放按钮，这样iTunes将立即播放你所选定的播客内容。

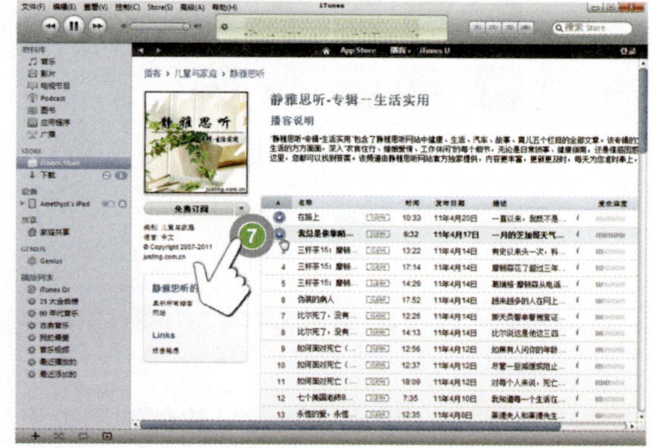

按照这种方法，你也可以订阅其他你想收看的电影或电视节目等。

3.4.3 从iTunes U中选择内容

iTunes U是iTunes所提供的教育频道，U = University（大学）。在iTunes U频道中收录了无数的来自各大名校和教育机构的教学媒体，这些媒体包含课程视频、课程录音以及课件PDF等。这些资源全部都是免费的，并且不需要任何地区的iTunes帐号即可下载。iTunes U中的内容和其他播客类资源一样，可以直接同步到你的iPad或者iPhone中，也可以下载后将m4v、mp4文件复制出来拿到别的设备上播放。iTunes U中的绝大部分视频品质都非常高。目前有几百个高等教育机构向iTunes U提供内容。这些机构包括普林斯顿大学、位于洛杉矶的加州大学、哈佛大学、麻省理工学院、牛津大学、挪威科技大学和耶鲁大学等。iTunes里面的精品内容非常多，对于中文用户而言，唯一的缺憾可能就是需要掌握一定程度的英语，不过这也不是太大的问题，因为iTunes里面本身也有语言教学的课程。

要收听或下载iTunes U频道中的内容，请按以下步骤操作：

1 单击右面窗口顶部的iTunes U分类。

2 从下拉菜单中选择Language（语言）。这里面就包含很多语言学习课程。

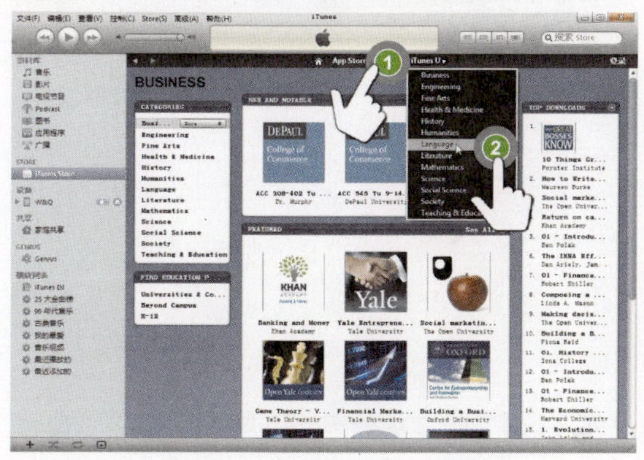

3 现在你可以看到很多语言教育课程，里面也有教外国人说中文的节目，可以点进去看一看。

4 单击“免费订阅”按钮，即可下载该课程内容。

TIPS

对于中文用户来说，通过这个节目反向锻炼自己的英语听力也是不错的，而且有些教老外学英语的课程设计得非常搞笑，甚至可以把它当相声来听。

5 也可以直接单击课程列表前面播放按钮，直接在电脑上打开课程内容。

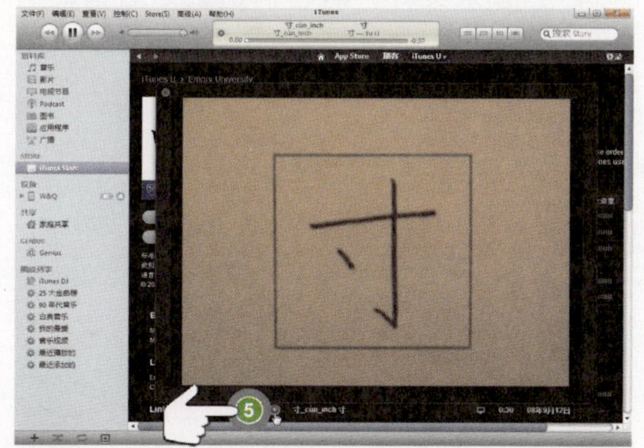

TIPS

在iTunes U的课外学习（Beyond Campus）部分，学生和教员可以接触到大量的优秀机构，如：纽约现代艺术博物馆（MoMA）、纽约市立图书馆(New York Public Library)、美国国际公众电台（Public Radio International）、美国公共电视台（Public Broadcasting Service）等。

3.5 在电脑和iPad之间同步内容

在使用iTunes软件购买和下载了若干音乐、软件、书籍之后，怎么将它们复制到iPad上呢？这个操作很简单，只需要将电脑和iPad通过USB连接在一起，就可以在iTunes软件中实现同步。所谓的“同步”，其实就是双向复制软件或其他内容。

iTunes允许用户选取想要与iPad同步的信息和内容。默认情况下，只要将iPad 连接到电脑，iTunes就会自动同步。

3.5.1 同步音乐

在安装iTunes之后，可以将电脑中的音乐文件添加到iTunes资源库中，这样就可以将它们添加和同步到iPad中。其具体操作方法如下：

1 单击iTunes“资料库”中的“音乐”分类。

2 在Windows“资源管理器”中找到其他的音乐文件，将它们选定之后拖动到iTunes“音乐”文件列表中。被拖动的文件将显示“复制”标记。

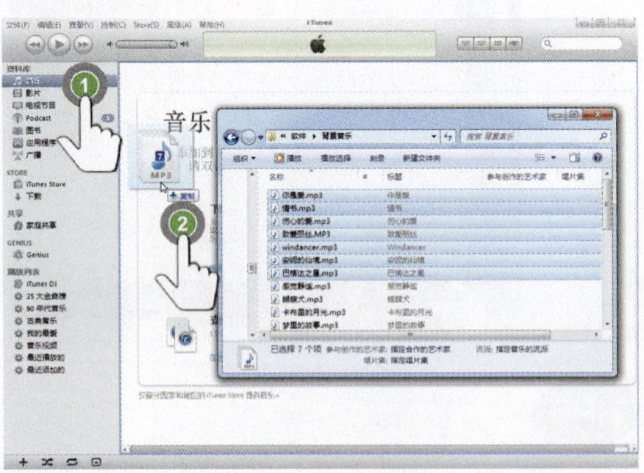

3 新添加的文件将被复制到系统“我的音乐”文件夹。iTunes“音乐”文件列表也将随之更新。单击顶部的“播放”按钮即可播放选定的音乐。

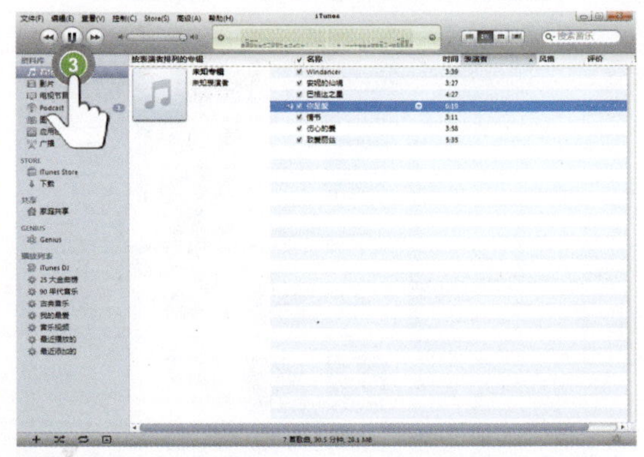

4 要将这些音乐同步到iPad上，可以单击选择“设备”列表中的iPad，然后单击右面窗口顶部中的“音乐”分类，选中“同步音乐”复选框，在出现询问对话框时单击“同步音乐”按钮。

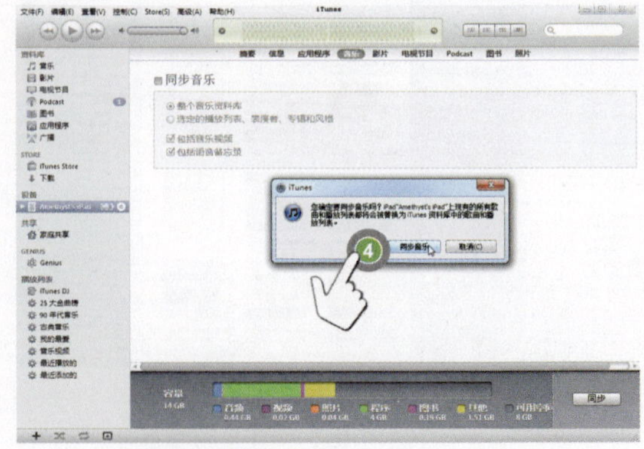

5 单击“应用”按钮。

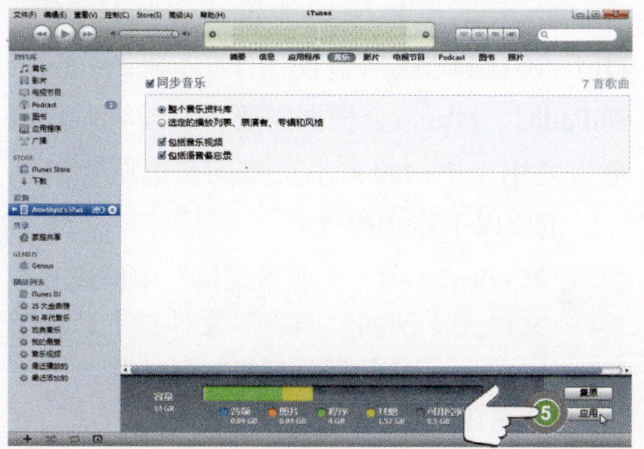

6 现在iTunes将立即进行同步操作，也就是将当前电脑资料库“音乐”列表中的音乐文件都复制到iPad上。同步完成之后，你就可以在iPad中通过iPod查看和播放这些音乐文件。

TIPS

iPad和iTunes支持主流的MP3格式的音乐文件。如果你有其他格式的音乐文件要同步到iPad上，则可以先通过工具软件将它转换为MP3格式。

3.5.2 同步视频

iTunes支持MOV和MP4格式视频的直接播放。你可以将电脑上的视频转换为iPad支持的MP4格式文件，然后再同步到iPad中。

要将电脑中的MOV视频同步到iPad上，请按以下步骤操作：

1 单击资料库中的“影片”分类，在右面的窗口中将显示当前电脑扫描的视频列表。打开Windows“资源管理器”，将其他目录中的视频文件拖动到该窗口中，被拖动的视频图标将显示“复制”字样。

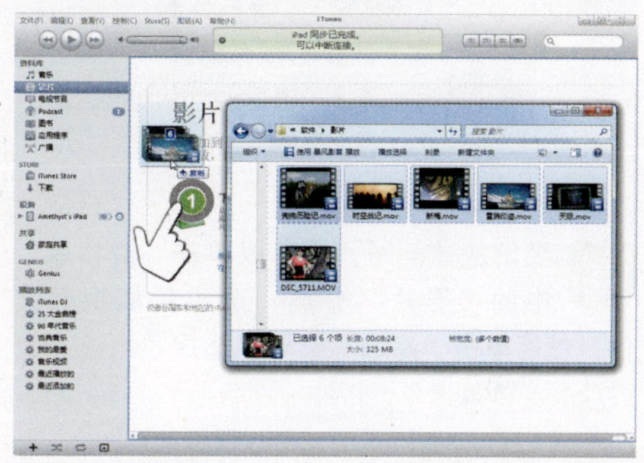

2 在资料库中添加了视频之后，你可以单击选择“设备”列表中的iPad，然后单击右面窗口顶部的“影片”分类，选中“同步影片”复选框，然后选择“所有未观看的”。

3 单击“应用”按钮。

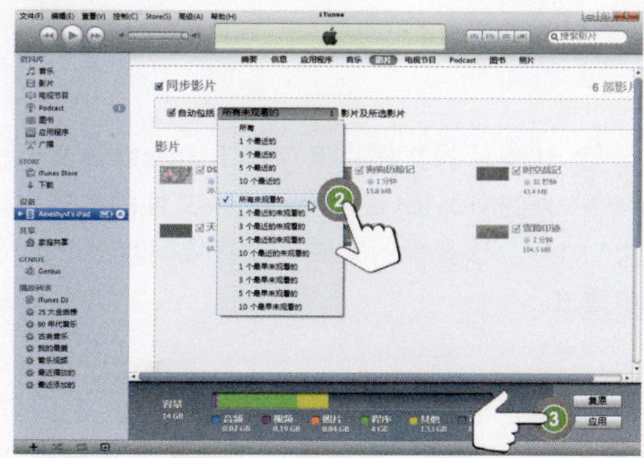

4 如果你的视频文件无法同步到iPad中，则iTunes会显示一个对话框，提示当前某些视频文件格式无法被iPad读取，所以无法复制，单击加号按钮可以查看无法复制的影片文件列表。

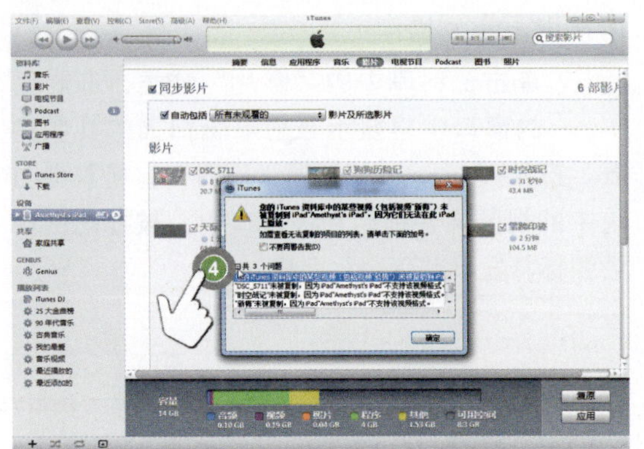

5 要解决该问题，你可以单击“资料库”中的“影片”分类，选中目标视频文件，然后单击“高级”菜单，选择“创建iPad或Apple TV版本”。

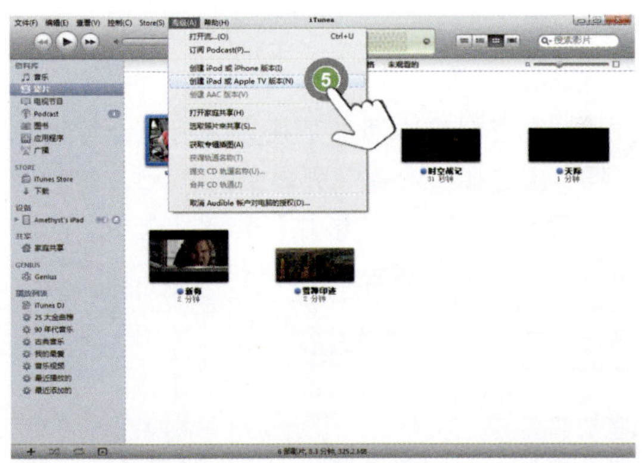

6 转换后的文件将保存在iTunes媒体文件夹的Movies目录内。转换文件的扩展名为*.m4v。该类型的文件可以直接同步到iPad中播放。

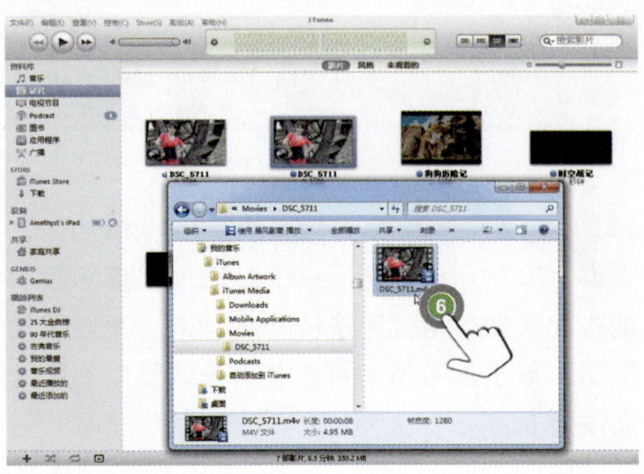

3.5.3 同步照片

iPad 支持标准照片格式，如JPEG、TIFF、GIF和PNG等。使用iTunes将照片同步到iPad时，iTunes会根据需要，自动将照片调整为适用于iPad的大小。要同步电脑上的照片，请按以下步骤操作：

1 在Windows“资源管理器”中新建一个文件夹（例如“照片”文件夹），将所有要同步到iPad中的照片都复制到其中。

2 单击iTunes“设备”列表中的iPad，在右面的窗口中选择“照片”分类，然后选中“同步照片”复选框，单击“来自”下拉菜单，选择“选取文件夹”。

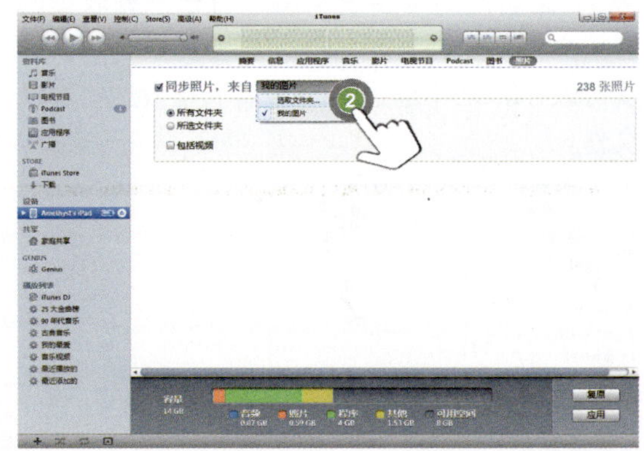

3 在出现的“更改照片文件夹的位置”对话框中，选择步骤1中新建的包含图片的“照片”文件夹，最后单击“选择文件夹”按钮。

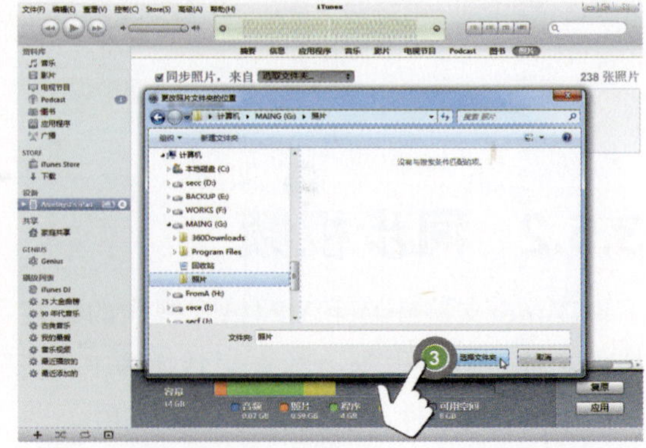

4 在确定同步照片的文件夹之后，单击“应用”按钮。此时系统可能会弹出一个信息提示对话框，如果确认要同步照片，则单击“替换照片”按钮即可。

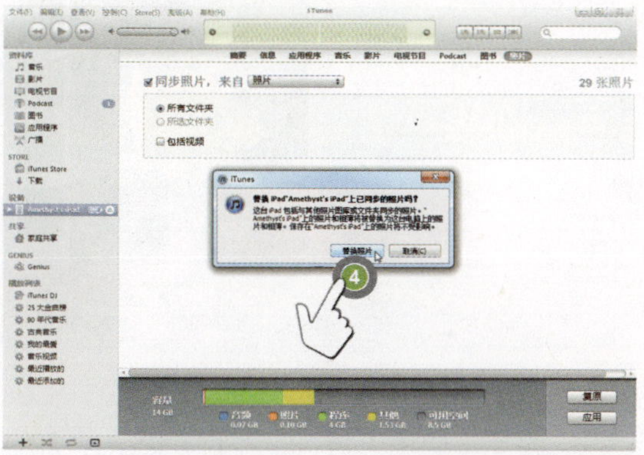

5 现在转到iPad上，打开“照片”程序，即可查看到新同步的照片。

3.5.4 同步图书

同步电子书和电影以及音乐有所不同，因为iTunes的左侧默认是没有书籍这一栏的，用户需要通过偏好设置添加该项目。另外，由于iPad使用的是苹果操作系统，所以，我们常用的TXT格式的电子书是无法在iPad上阅读的。iPad的iBooks只支持epub格式和PDF格式的电子书。

要同步书籍，请按以下步骤操作：

1 单击iTunes“编辑”菜单，然后选择“偏好设置”命令，在出现的“iTunes”对话框中，选择“常规”，在“源”选项中选择“图书”。这样，“图书”列表将会出现在“资料库”中。

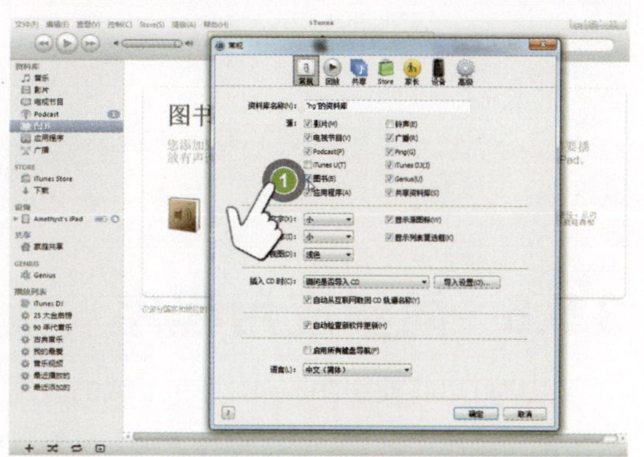

2 打开Windows“资源管理器”，将PDF或epub格式的文档拖动到iTunes“图书”分类中。

3 单击iTunes左侧“设备”列表中的iPad，然后单击右侧窗口顶部的“图书”分类，选中“同步图书”复选框，单击“同步”按钮即可同步图书。

TIPS

如果用户是首次同步图书，还没有安装iBooks应用程序，那么，在同步图书完成之后，iTunes将提示你下载iBooks图书管理和阅读程序。

3.5.5 同步应用程序

用户可以将使用iTunes购买和下载的应用程序都同步到iPad上，也可以将iPad上已经购买的应用程序同步到iTunes中。当有软件需要更新时，可以通过这种方式下载和同步。

要将iTunes中的应用程序同步到iPad上，请按以下方法操作：

1 在iTunes中单击左面“设备”列表中的iPad。

2 单击右面窗口顶部的“应用程序”按钮。

3 单击“同步应用程序”复选框。此时iTunes将出现信息提示框，单击“同步应用程序”按钮即可。

4 在“iPad 应用程序”列表中选定你刚才购买的需要同步的应用程序。例如“搜狐视频HD”。

5 单击“应用”按钮。

6 在同步完成之后，现在打开iPad，即可看到新同步的应用程序。

7 要将iPad上已经购买的应用程序同步到iTunes中，则可以单击“文件”菜单，选择“自（iPad设备名称）传输购买项目”。

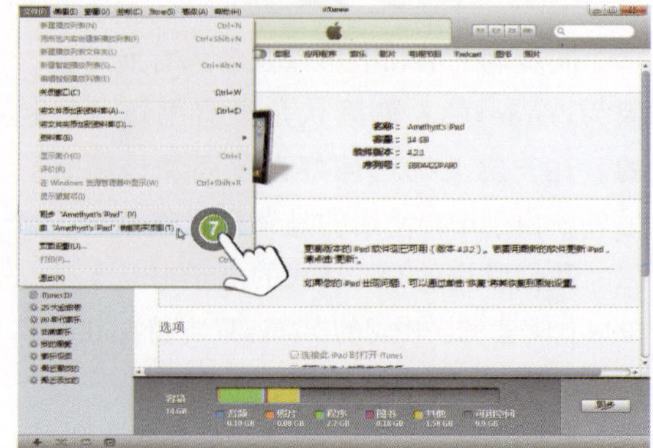

3.5.6 iTunes同步规则

iPad的软件复制为什么会这么麻烦？实际上，除了Windows和苹果操作系统差异的原因之外，iTunes同步是苹果公司保护软件版权的一个手段，除了iTunes APP Store中用iTunes帐号购买的软件以外，所有其他的软件都称为第三方软件，包括网上很多免费提供下载的盗版软件（扩展名一般为IPA）。这些软件只能通过第三方软件的支持才能安装到iPad里，也就是需要“越狱”了。也正是因为这个原因，很多用户在购买iPad、iPod或者iPhone之后的第一件事就是——破解。目前常见的越狱工具包括redsn0w（红雪）和greenpois0n（绿毒）等。

如果你不想破解，那么，应该如何合理使用iTunes同步规则，花最少的钱，获取完完全全的正版应用程序呢？

首先，我们需要解释一下iTunes规则，和iPad同步规则有关的元素包括4项，即：iTunes帐号、iPad设备、应用程序(不包括音乐和存储的图片）以及你的个人电脑。这4个元素之间的关系是：

A. 1个iTunes账号最多可以对5台电脑授权
B. 1台电脑可以被n个账号授权
C. 1个iPad永远只能同时和1台已授权的电脑同步
D. 被iTunes账号授权的电脑可以复制该帐号下的所有iPad中的应用程序

什么是同步？同步就是把你iPad里的应用程序，和你电脑里下载的应用程序，全部各自“取长补短”，电脑里有的，但是iPad里没有，那就复制到iPad里，相反也一样。当然，对于某些你不想要的程序，则可以在电脑中进行设置，不要让iPad同步获取。

根据上述同步规则，我们可以设想一些实际应用情况。

问题1 为什么在iPad商店里购买的时候，店员帮助安装的程序，等到了家里和自己的电脑同步，就全部都没有了呢？

答：根据规则C，当iPad和你自己的电脑同步时，iTunes会把原来在别的电脑上安装的所有程序删除，然后再同步你自己电脑里的程序。那么，为什么iPad中原有的应用程序不能同步到电脑里呢？也是根据规则C，如果要将iPad中已有的程序同步到电脑，则这个店员的iTunes账号必须要授权到你的电脑上才行。

问题2 朋友的iPad里面有好多程序，我想要我自己的和他的一样怎么办？

答：根据规则C，你可以将自己的iPad连接到朋友的电脑上去同步一下，这样你就可以和朋友的iPad完全一样了，但是，请注意！所有你自己原来的应用程序都将被删除。

问题3 我既想要朋友的应用程序，又想保留自己原来的应用程序，那该怎么办呢？

答：根据规则A，你可以将朋友的iTunes账号在你使用的电脑上授权，然后根据规则D，将朋友的iPad和你的电脑连接起来，把朋友iPad里面的所有程序都复制到你的电脑里；最后你再将自己的iPad和电脑同步，这样就可以得到朋友的应用程序了。如果朋友的iTunes帐号授权已经满5台电脑，那么你也可以反过来，把你的iTunes账号授权到朋友的电脑，然后再同步你的iPad。

问题4

我们有个iPad俱乐部，大家的应用程序都不一样，想要把所有人的程序都汇总到一台电脑上，然后大家就在那一台电脑上同步自己需要的程序，这样可行吗？

答：完全可以。根据规则B，大家把自己的账号都授权给这台电脑，然后进行同步，根据规则D，每个人的iPad里的应用程序都会复制到这台电脑，然后大家都通过这台电脑同步。不过，根据规则C，和这台电脑同步了之后，如果你回家再和自己的电脑同步，就会删除原来电脑里的所有程序，最后只留下你自己账号下的应用程序，除非你这台电脑也被若干或全部iTunes账号授权过。

问题5

为什么有时候程序升级，会出现要求输入别人账号和密码的情况？

答：根据规则B和C，因为电脑下有n个账号，这些账号复制给电脑的应用程序又都不相同，而iPad不管这些，只要是和一台电脑同步，它就会把这台电脑里所有的程序都同步进来，但是当程序升级的时候，程序需要认证哪个账号购买的，才能给哪个购买的账号进行免费升级，因此升级的时候会出现需要你输入别人账号和密码的情况。如果没有密码，那就需要让这个账号的主人先在自己的iPad上升级，然后同步到电脑里面，最后你再和这台电脑同步，这样就可以完成升级了。

第4章

联网设置和Safari应用

iPad支持WiFi无线网络和3G联网两种模式。如果你不想总是通过电脑同步，则可以在具有WiFi无线网络的环境中，设置iPad所使用的网络，然后通过Safari浏览器直接上网浏览。

4.1 iPad网络连接设置

iPad支持WiFi无线网络和3G联网（部分版本），但是，由于3G上网的资费较高，所以国内多数还是以WiFi无线网络应用为主。对于家庭用户而言，购买一个无线路由器就可以构建受安全保护的WiFi无线网络环境。

4.1.1 家庭Wi-Fi无线网络安全设置

在使用iPad连接WiFi无线网络之前，用户需要确认自己所在区域是否存在WiFi无线网络。如果你是在酒吧或机场等开放无线网络的区域，那么使用iPad就可以直接搜索到WiFi无线网络信号，不需要密码就可以使用；如果是在公司或单位，那么WiFi网络很可能是加密的，需要向网络管理员询问获得连接密码；如果是在自己家里，那么可以购买一款带无线路由功能的路由器，然后按以下方式设置安全的WiFi无线网络：

1 在浏览器地址栏中输入无线路由器的IP地址，一般默认为192.168.1.1。

2 在出现对话框要求输入用户名和密码时，均输入admin。

> **TIPS**
> 路由器的IP地址、用户名和密码一般可以在路由器背面的标签上找到。

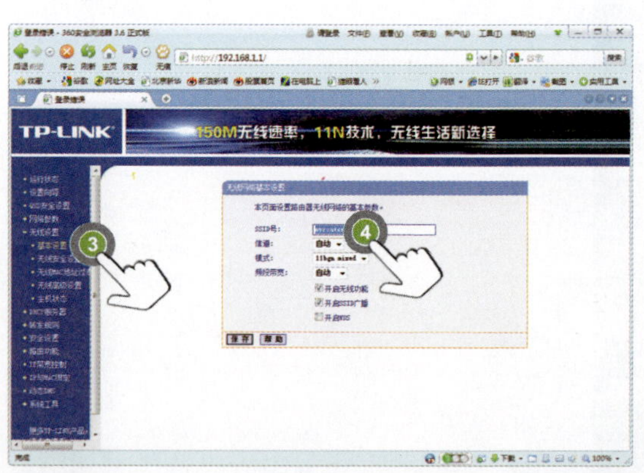

3 在登录到无线路由器的设置界面之后，单击“无线设置”选项，选择“基本设置”。

4 在“SSID号”框中输入WiFi无线网络名称，这个名称由你自己来取，能识别就行了。例如myrouter。

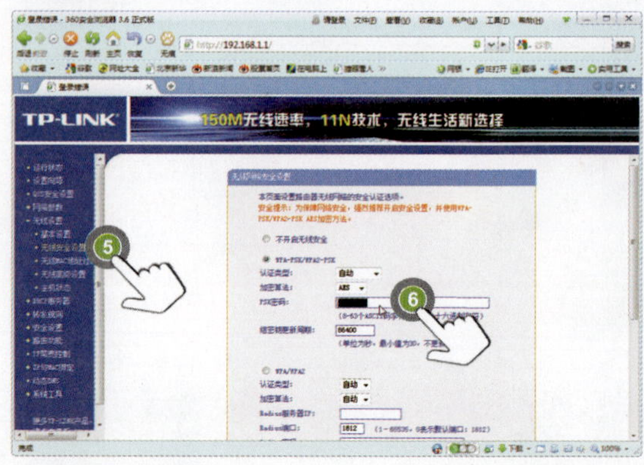

5 单击“无线安全设置”选项。

6 选择“WPA-PSK/WPA2-PSK”无线网络加密方式，输入PSK密码。只有掌握了这个密码的人才能使用当前无线网络。

至此，家庭WiFi无线网络设置完毕，可以使用iPad搜索并连接了。

4.1.2 Wi-Fi无线网络连接设置

要使用iPad连接WiFi无线网络，请按以下步骤操作：

1 轻点主屏幕中的“设置”图标。

2 在出现的设置界面中，轻点“Wi-Fi”分类。

3 在右面的“Wi-Fi网络”窗口中，轻点Wi-Fi选项右侧的开启按钮，打开Wi-Fi搜索功能。

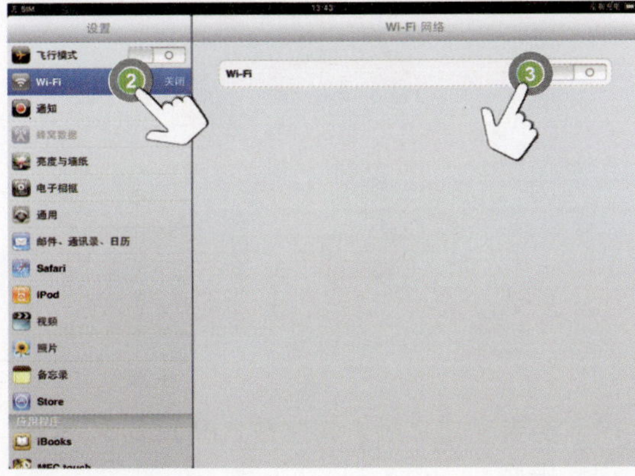

4 iPad将立即搜索可用的Wi-Fi无线网络。在本实例中，可以看到我们刚刚设置的myrouter无线网络，轻点即可选定它。

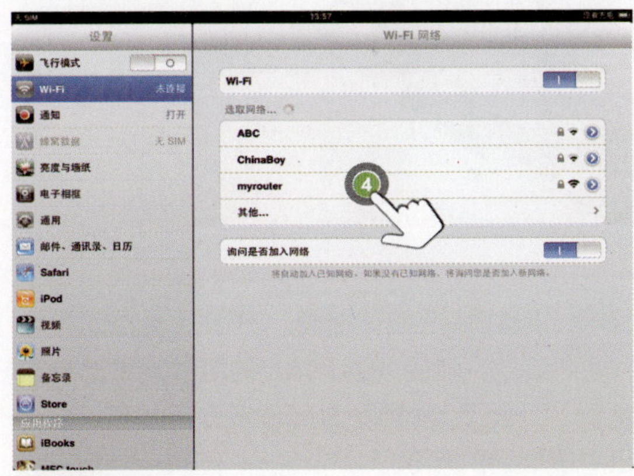

TIPS

在Wi-Fi网络名称后面带有锁定标记的，表示该无线网络有密码保护。现在很多餐饮娱乐和服务设施附近都有免费的WiFi无线网络，例如酒店、咖啡店、机场等。

5 由于前面已经设置了myrouter无线网络的密码，所以iPad会弹出对话框要求输入密码。输入完成之后，轻点Join（加入）按钮。

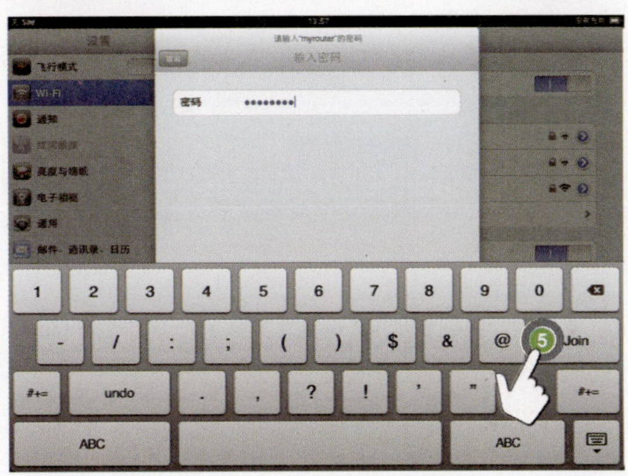

6 现在，选定WiFi网络列表名称前出现对勾，表示你已经可以使用该网络了。如果你的网络连接仍然有问题，则可以轻点网络名称最右侧的扩展按钮。

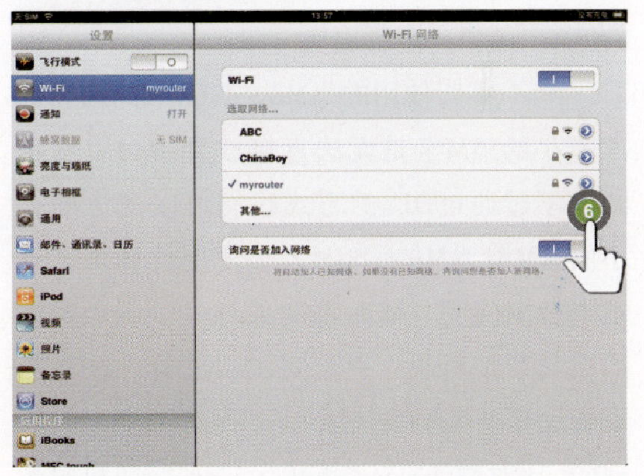

7 在出现的WiFi网络详情页面中，可以查看到当前iPad自动设置的IP地址和路由器地址。如果IP地址和当前网络上的其他电脑冲突，或者路由器地址不是192.168.1.1，而是192.168.0.1，那么你是无法正确连接网络的。在这种情况下，可以轻点“静态”标签，然后输入和你的WiFi网络环境相匹配的IP地址或路由器地址。

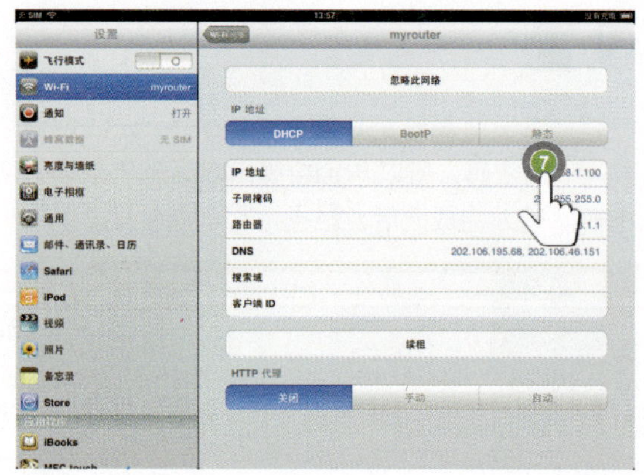

4.1.3 联通3G网络连接设置

iPad支持的3G网络频段为UMTS HSDPA 850/1900/2100MHz以及GSM/EDGE 850/900/1800/1900，也就是说，iPad不仅支持3G网络上网，同时也支持2.5G网络，这意味着中国移动和联通的SIM卡剪过后全部都可以放入到iPad 3G版本中使用，不过，这两种网络带来的上网速度可是不一样的，联通沃3G 186的SIM卡网络速度要更快一些。

iPad 3G版使用的是Micro SIM卡，国内标准大小的SIM卡是无法直接放到iPad里使用的，不过通过DIY的方式我们可以把标准大小的SIM剪成Micro SIM大小使用。如果你确定要剪卡使用，那么在购买时可以请专卖店的店员帮忙解决，并且对iPad进行一些联网设置。其基本步骤包括：

1 比对联通SIM卡和iPad 3G版随机附带AT&T卡的大小，并且准备必要的工具：铅笔、尺子和剪刀。

AT&T卡　　联通3G SIM卡

2 整个剪切过程先要找准中心点。以Micro SIM卡芯片的中心为基准点，用尺子量出中心到四边的距离，分别是7mm、8mm、7mm、4.5mm，这样才可以顺利地将卡放入iPad 3G的micro SIM卡槽里。用户可以使用直尺和铅笔将刻度标注出来，然后用剪刀来处理。剪卡时会碰到卡上的芯片区，不要心疼直接剪掉，这些地方不会影响使用。

3 剪卡完成之后，将它放入iPad的3G卡槽里面。

4 设置3G上网很简单，开机后会自动搜索信号，使用联通186卡的时候搜索速度非常快，只需要2秒钟左右屏幕左上角就可以显示出中国联通的标识了。

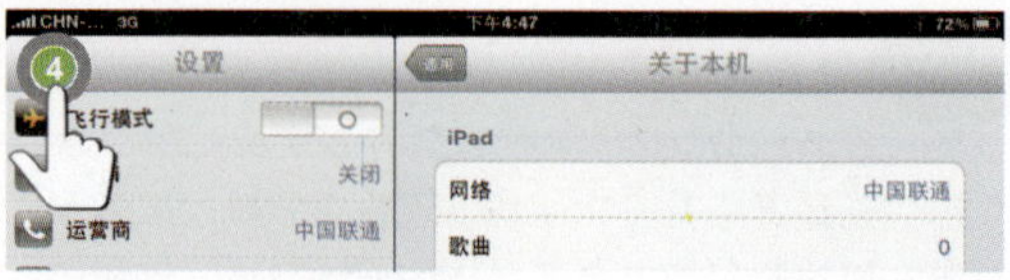

5 还需要开启蜂窝数据并对APN进行设置，否则联网时会提示找不到蜂窝数据。方法是在“设置”界面中轻点“蜂窝数据”，然后在右面窗口中开启“蜂窝数据”按钮。再轻点“APN设置”，输入“APN”为3GNET。对于中国移动的用户，将APN设为CMNET。

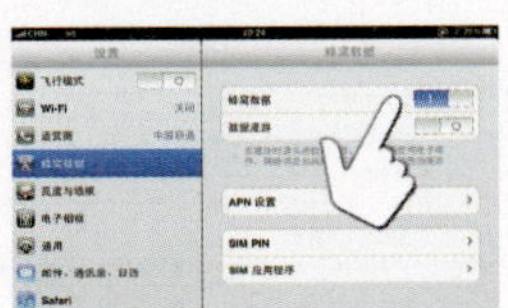
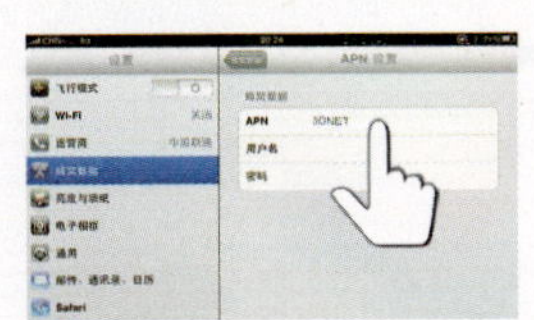
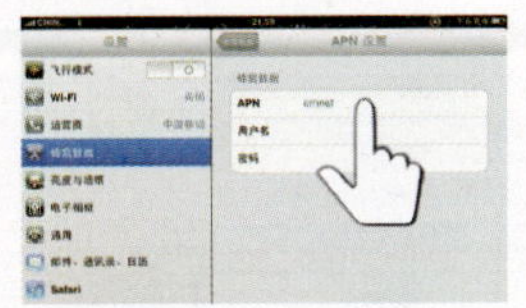

TIPS

使用iPad 3G上网一定要注意流量的问题，如果你仅用iPad 3G上QQ聊天（不包含在线收发图片）、收发邮件、时不时下载以及更新少量App应用程序，那么选择流量小的联通包月套餐可能是可行的，如果你每天都抱着iPad 3G看视频或者是经常下载应用程序以及玩网络游戏，那么流量消费的超出部分可能会让你泪流满面，为了避免这样的事情发生，你还是尽量通过WiFi连接上网比较合适。

4.2 Safari使用指南

Safari的英文原意是“旅行”，而iPad中的Safari则是苹果计算机操作系统的默认浏览器。Safari浏览器的用户界面很美观，打开网页的速度也很快，并且能充分发挥多点触控技术的特长，随意放大和缩小网页。

4.2.1 Safari应用设置

在使用Safari浏览网页之前，用户也可以对它进行一些设置，以便更好地享受网络冲浪体验。要设置Safari选项，请按以下步骤操作：

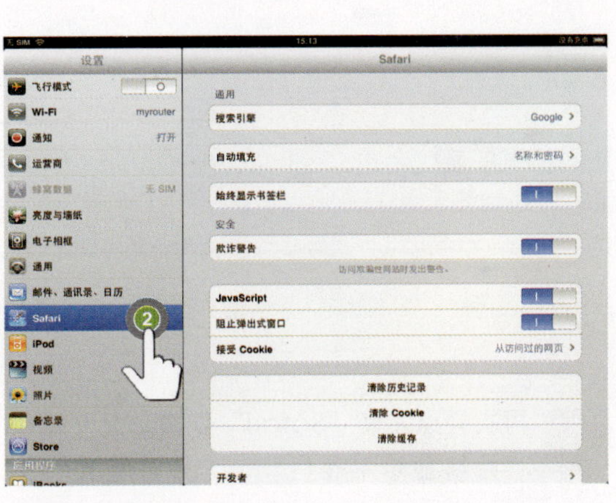

1 轻点主屏幕上的“设置”图标。

2 在出现的设置界面中，轻点左侧的“Safari”分类，这时就可以在右侧界面中看到Safari的选项。

3 要修改Safari浏览器默认使用的搜索引擎，可以轻点“搜索引擎”选项，然后在出现的搜索引擎设置界面中选择一种搜索引擎。

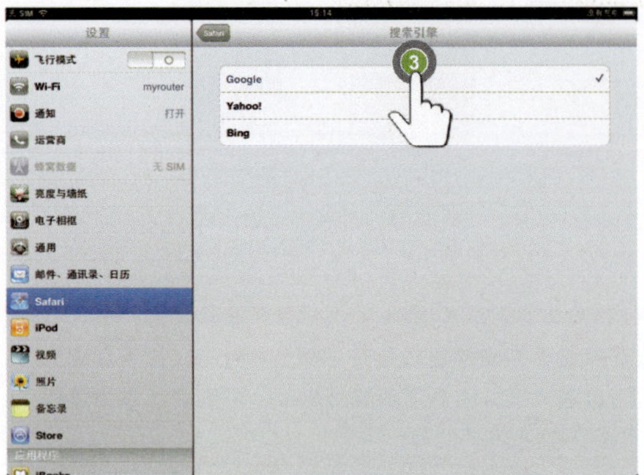

TIPS

Google是Google公司开发的搜索引擎，Yahoo！是雅虎公司开发的搜索引擎，而Bing（必应）则是微软公司开发的搜索引擎，这3种搜索引擎各有优劣，但是Google的服务略胜一筹。

4 再次轻点左侧“Safari”分类以打开其配置选项，然后轻点右面的“自动填充”选项，以开启Safari浏览器的自动填充功能。

5 轻点“名称和密码”选项右侧的开启按钮，开启它的自动填充功能。

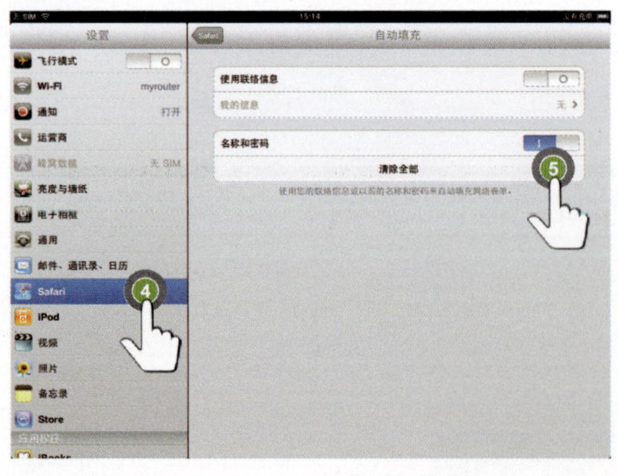

6 再次轻点左侧“Safari”分类，逐一轻点“始终显示书签栏”、“欺诈警告”、“JavaScript”和“阻止弹出式窗口”右侧的开启按钮，以启用对应的功能。

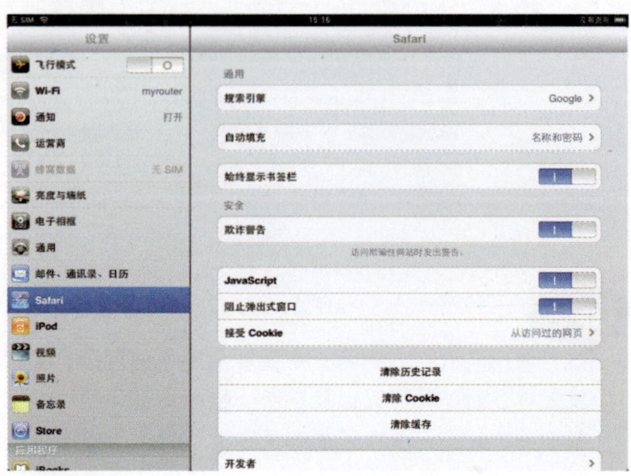

TIPS

要清除Safari浏览的历史记录，可以轻点“清除历史记录”按钮，这样他人就无法知道用户以前访问过什么页面；轻点“清除Cookie”，可以删除你保存的Cookie信息，这样可以防止用户的论坛ID、电子邮箱名称等的泄露；轻点“清除缓存”，可以将Safari浏览器下载到本机的内容都删除掉，一方面增加了硬盘空间，另外一方面也防止了所访问内容的泄密。当然，如果iPad只是自己在使用或没有保密要求的话，就不必清除了，因为这些东西存在会提高你的网络浏览速度，使你网上冲浪更加方便。

4.2.2 输入URL网址

在设置完Safari选项之后，就可以使用它连接上网了。其具体操作方法如下：

1 轻点主屏幕底部的Safari 图标。

2 在出现Safari浏览器界面之后，轻点顶部中间位置的地址栏，会出现屏幕键盘，允许输入URL网址。如果所输入的网址曾经访问过，则会显示一个下拉提示，方便你选择。

3 在输入网址之后，轻点“前往”按钮（在英文输入法状态下是“Go”按钮），即可访问目标页面。

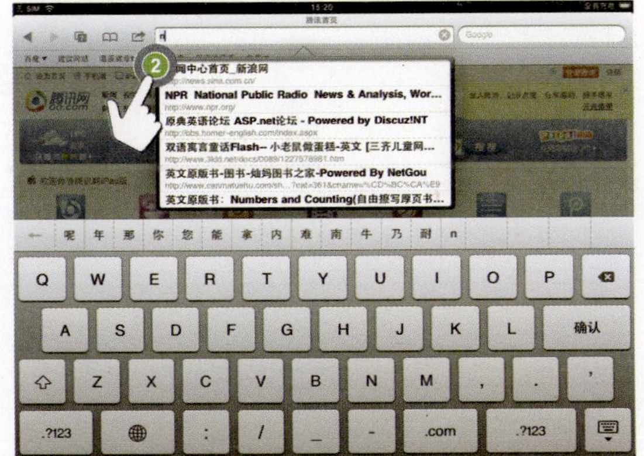

TIPS

要切换中英文输入法，可以长时间按住输入法按钮，直至出现一个菜单，然后移动选择你所需要的输入法。

TIPS

在浏览器和E-mail中输入网址时，长时间按住“.com”按钮会出现“.香港”、“.中国”、“.台湾”、“.edu”、“.net”、“.cn”、“.us”“.org”等选项，无需再调整输入法进行输入。

4.2.3 查看网页

使用iPad结合Safari浏览网页有很多技巧，例如：

1 在打开网页之后，可以使用手指点中网页内容区域，然后上下移动，这样可以快速地滚动网页。

2 当用户阅读至网页底部时，想快速返回顶部，则只要在网页标题栏上轻点一下就可以。

3 要打开某个超级链接，可以选择长按住该链接，这时系统会弹出小菜单，让你选择“打开”，“在新页面中打开”，或者“拷贝”等选项。这样就不会造成每次按一个链接就自动打开一个新窗口，造成杂乱无章、满屏都是窗口的现象。

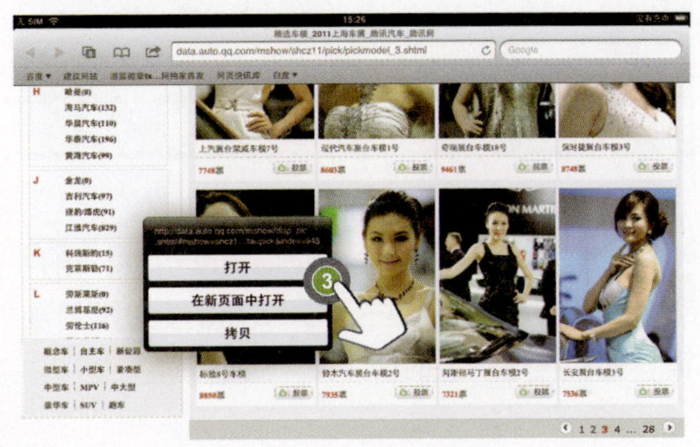

4 要返回上一页或前进到下一页，则可以轻点屏幕顶部的“后退”或“前进”按钮。

4.2.4 搜索Web

Safari内置了包括Google、Yahoo！和Bing在内的多种搜索引擎，前面我们已经介绍了它的设置方法。在选择默认的搜索引擎之后，你可以通过以下方式来搜索Web，查找自己感兴趣的内容：

1 轻点Safari右上角的搜索框，系统即可自动弹出屏幕键盘，方便你输入搜索内容。

2 在输入搜索关键字之后，轻点屏幕键盘上的“搜索”按钮。

3 系统自动跳转到Google搜索引擎，用户需要再次轻点一下Google搜索提示画面，这和在电脑上的使用是一样的。

4 出现Google搜索结果，现在你可以选择并轻点自己需要的项目。

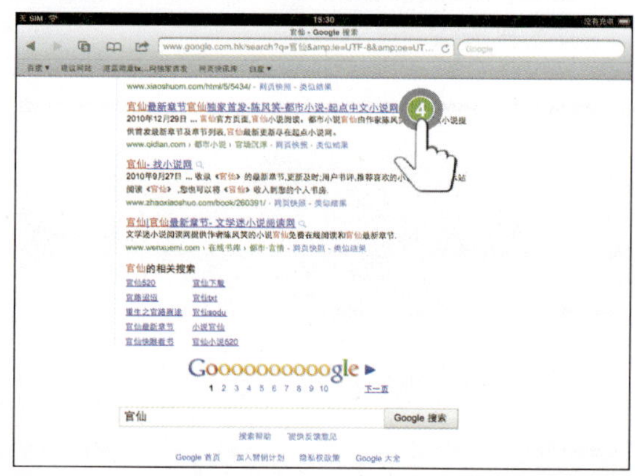

5 打开具体的搜索结果网页，浏览你搜索到的内容。现在你应该了解，Safari的使用和IE浏览器其实没有什么区别。

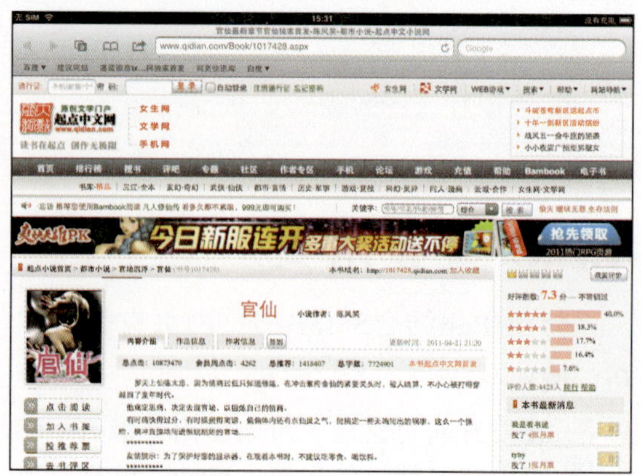

4.2.5 添加书签

Safari中所谓的“书签”，和IE浏览器中的“收藏夹”类似，如果你需要经常访问某个网页，则可以将它添加到书签中，这样，你就不必每次都输入具体的URL网址，或者通过搜索引擎辗转打开，而是通过书签直接进入，一键操作，方便快捷。

要将当前打开的网页添加到书签中，请按以下步骤操作：

1 轻点Safari顶部工具栏中的第5个功能按钮，在出现的弹出菜单中选择“添加书签”。

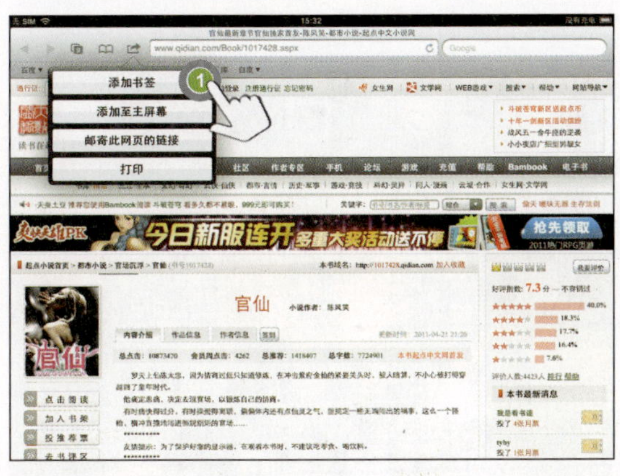

2 Safari将立即打开“添加书签”对话框，用户可以修改书签的名称，也可以按默认的名称，直接轻点“存储”按钮。

3 在成功添加书签之后，书签将立即显示在书签栏中。以后要访问它时，就只需要打开Safari，然后直接轻点一下它就可以了。

4.2.6 删除书签

在添加书签之后，如果你长时间不用它（例如，该小说已经看完了），则可以考虑将它删除。要删除书签，请按以下步骤操作：

1 轻点Safari顶部工具栏中的第4个按钮，在出现的“书签栏”对话框中，轻点“编辑”按钮。

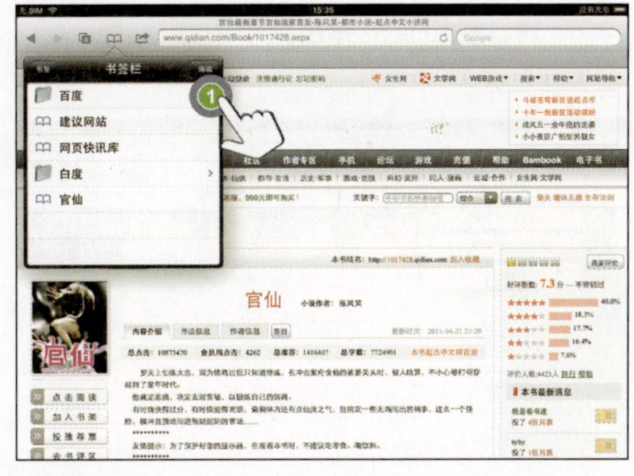

2 在编辑状态下，用户将看到书签名称前面会出现红色的编辑图标，轻点一下，它会旋转90°方向，然后在右侧出现“删除”按钮。轻点它即可删除书签。最后轻点“完成”按钮关闭该对话框。

4.2.7 创建主屏幕书签

在Safari中添加书签，可以快速访问某个特定网页。但是，每次使用该书签时，必须先启动Safari软件，打开默认的主页，这可能会耽误一点时间，有没有更加快捷的方式，例如，当我想看小说时，就直接打开该小说的目录呢？有！可以将网页设置为主屏幕书签，这样就可以将书签当做应用程序来运行了。

要创建主屏幕书签，请按以下步骤操作：

1 轻点Safari顶部工具栏中的第5个功能按钮，在出现的弹出菜单中选择“添加至主屏幕”。

2 在出现的“添加至主屏幕”对话框中，编辑修改主屏幕书签的名称，然后轻点“添加”按钮。

3 现在系统将自动切换到主屏幕，用户会发现，该书签已经以图标的形式出现在主屏幕中，轻点即可快速访问目标网页。这和你在电脑桌面上放置一个快捷方式非常相似。

4.2.8 切换窗口

在使用Safari浏览网页时，可能会打开许多新的窗口。例如，在访问某个小说阅读站点时，既可能打开了分类网页，又可能打开了单独的小说阅读页面。要切换Safari网页窗口，请按以下步骤操作：

1 轻点Safari浏览器顶部第3个功能按钮，这个按钮上显示的数字就是当前打开的浏览器窗口数目。

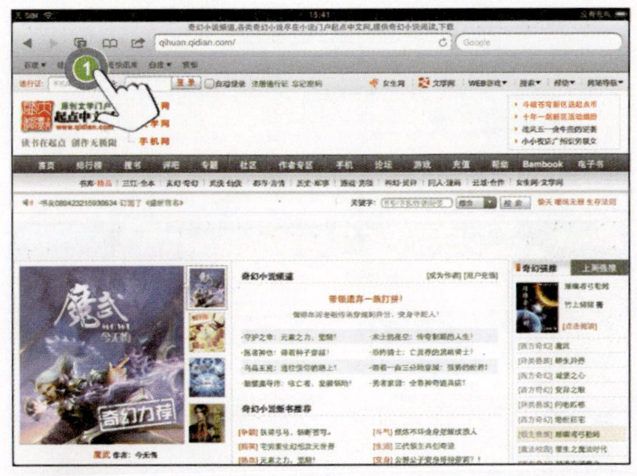

TIPS

Safari最多支持同时打开9个浏览器窗口。在9个窗口均占满之后，如果仍有网页要在新窗口中打开，则原有9个窗口中的一个将被替换。

2 当前打开的所有窗口都将缩小，按3*3矩阵方式排列显示。用户可以根据网页的缩略图，选择并轻点要切换的窗口。

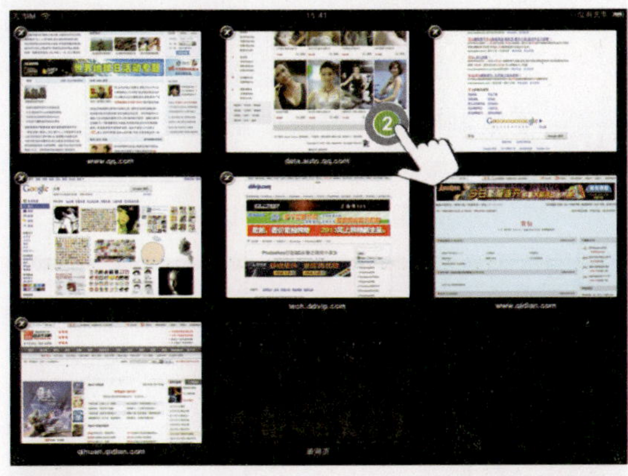

TIPS

所有网页缩略图的左上角都有一个删除标记，这意味着如果轻点该标记，则对应的网页窗口将被关闭。

3 被轻点的窗口将立即最大化显示。如果用户删除了某些网页窗口，则Safari顶部第3个功能按钮上的数字会相应发生变化。

4.2.9 复制网页文本和图像

在使用Safari浏览网页时，用户也可以对网页文本执行复制和粘贴操作，这些操作在填写表单、搜索引擎关键字、发表新帖或回复时尤其有用。要在Safari中复制网页文本和图像，请按以下步骤操作：

1 打开目标网页，找到可以复制的文字或图片内容。例如，在下图网页中，我们打算复制“超级炼丹记”5个字，以便在搜索引擎中使用。

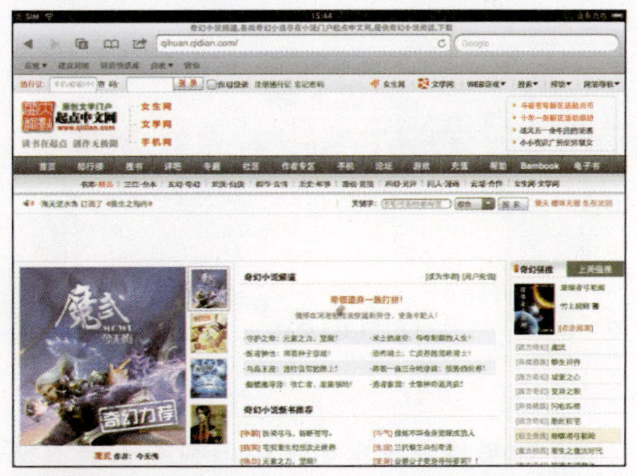

TIPS

有些站点设计了禁止复制文字或图片的功能。例如，在某些小说阅读站点，为了防止盗版阅读，就禁止访问者复制文字。

2 要复制有限的几个字，在视图比例较小时，不太容易操作。可以通过捏夹操作，将网页视图放大，然后使用手指在目标文字上长按不松开，则会出现蓝色的选定标记，并且显示“拷贝”命令。

3 在蓝色选定标记上有2个圆形的调整柄，用户可以使用手指点中它们，然后向左或向右移动，以扩大选取范围。左上角的圆点调整柄向左，右下角的圆点调整柄向右。

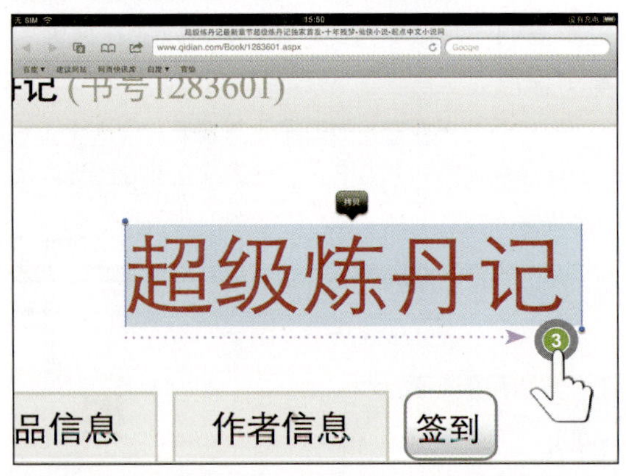

4 如果用户一定要在较小视图比例下操作，则可以在使用手指点中目标文字之后略做停留，这样将看到一个放大镜视图，并且以淡蓝色背景显示当前选定的文字。

5 使用手指点中目标区域，在选定某些文字之后，如果上下移动调整柄，则很容易选中段落。

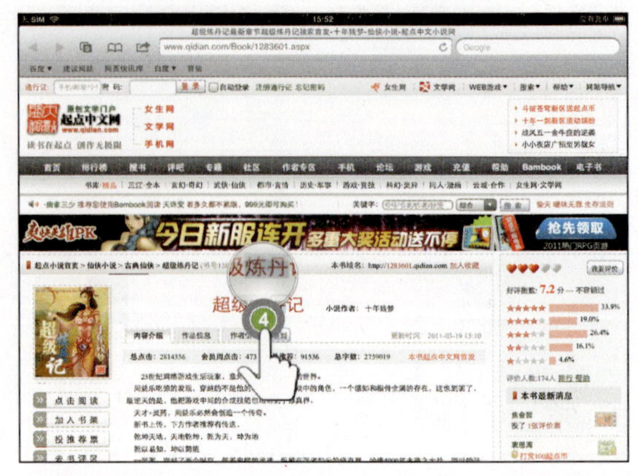

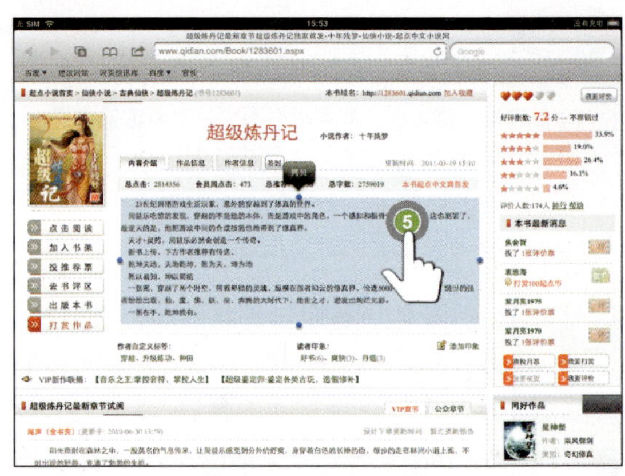

6 要复制图像，可以使用手指点中目标图像，长按不松开，这样图片上将出现“存储图像”和“拷贝”命令，可以轻点选择。

TIPS

在选择“存储图像”命令之后，图片将立即保存到iPad照片中。

第5章

使用 iPad 收发电子邮件

iPad可以使用MobileMe、Microsoft Exchange、Gmail、Yahoo!邮箱以及国内的QQ邮箱、新浪邮箱、网易邮箱等标准POP3 和IMAP 电子邮件服务。

5.1 在iPad上新建电子邮件账户

在使用iPad收发电子邮件之前，你需要在iPad中添加和设置自己的电子邮件账户。用户可以直接在iPad中设置账户，也可以在iTunes中，使用iPad偏好设置面板从电脑同步电子邮件账户设置。

5.1.1 添加电子邮件账户

在iPad上可以同时使用多个电子邮件账户，对于许多流行的电子邮件服务，iPad 会自动为你输入大多数设置。要在iPad中添加电子邮件账户，请按以下步骤操作：

1 轻点主屏幕上的“设置”图标。

2 在出现的“设置”画面中，轻点左面的“邮件、通讯录、日历”分类。

3 在右面的“账户”选项中，轻点“添加账户”。

4 现在可以看到iPad默认支持的多种电子邮件服务。例如，用户可以轻点Gmail，以添加Google电子邮件地址作为自己的邮件账户。

5 在出现的Gmail对话框中，你需要输入Google电子邮箱的地址和登录密码，名称和描述则可以随便输入。然后轻点“下一步”按钮。

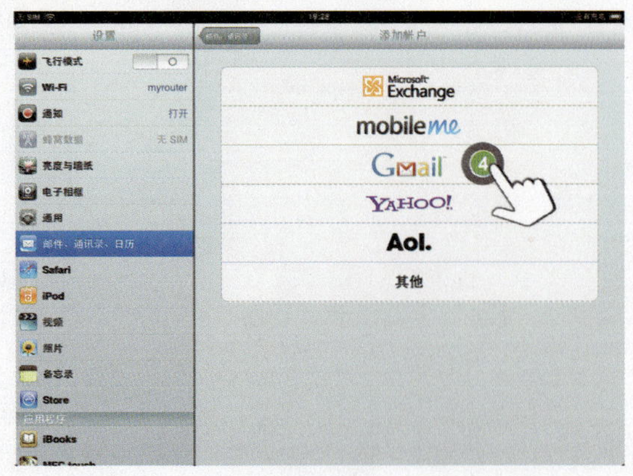

6 iPad将立即尝试登录用户的Gmail账户，在此过程中用户应该确保网络连接是畅通的，在连接成功之后，可以轻点“存储”按钮。

7 存储成功之后，iPad将返回“邮件、通讯录、日历”设置窗口，用户的Gmail账户已经出现在账户列表中了。

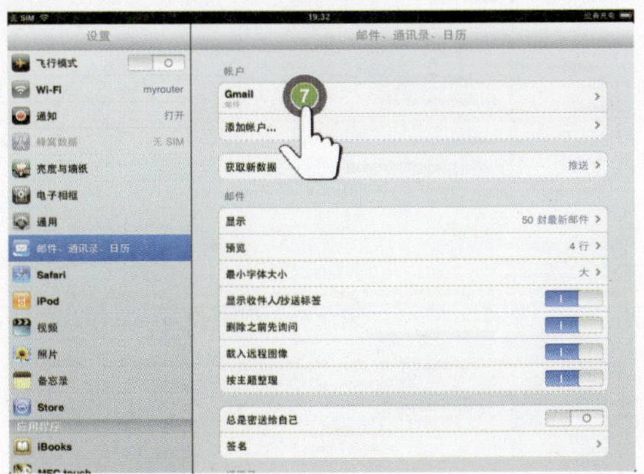

5.1.2 添加国内免费邮箱

如果你经常使用的电子邮件地址不在iPad提供的默认服务列表中，例如QQ免费邮箱，那该怎么办呢？用户可能需要对自己的免费邮箱进行一番设置，以使iPad能正常登录。现在我们就以QQ邮箱为例，演示如何添加国内常用电子邮件地址。

1 轻点主屏幕上的“设置”图标。

2 在出现的“设置”画面中，轻点左面的“邮件、通讯录、日历”分类。

3 在右面的“账户”选项中，轻点“添加账户”。

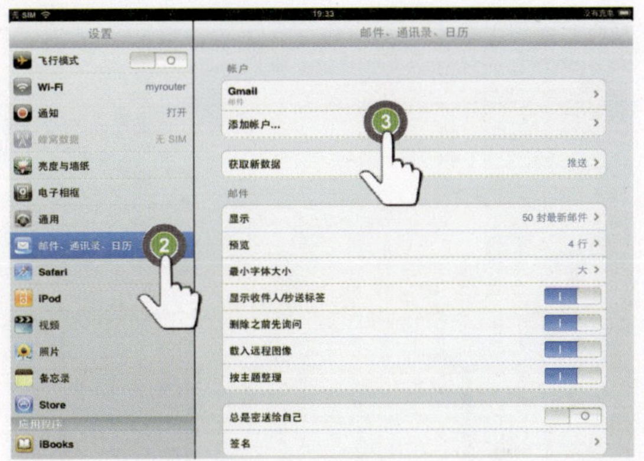

4 在出现“添加账户”界面之后，轻点“其他”选项。

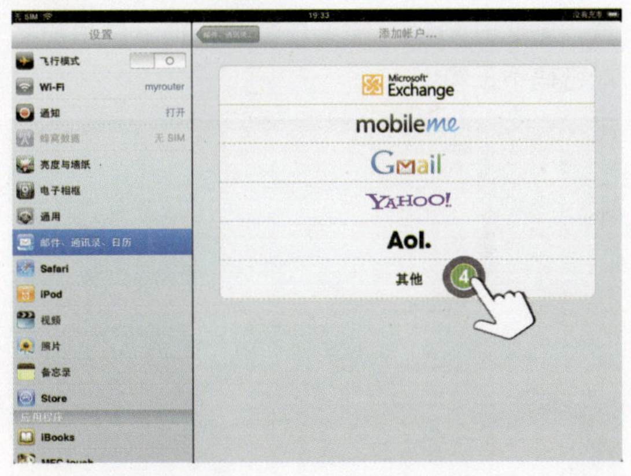

5 在出现的“其他”设置界面中，轻点“添加邮件账户”。

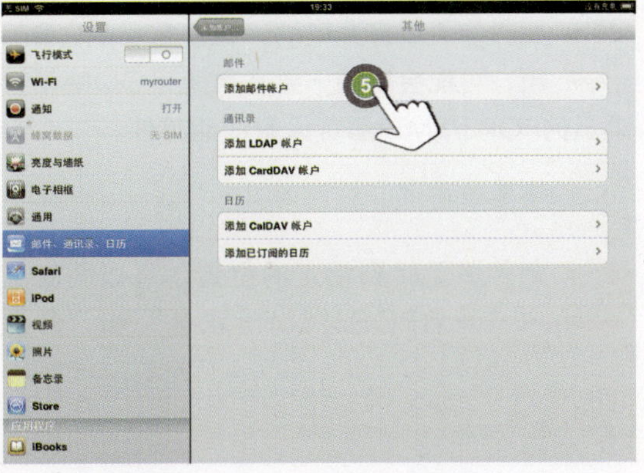

6 系统将立即显示“新建账户”对话框，要求输入电子邮箱地址和密码。可以输入要登录的QQ邮箱地址和密码，名称和描述可以随便填。

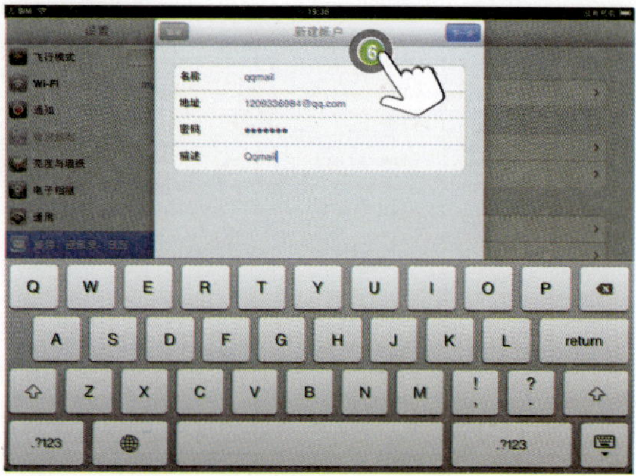

7 在输入完成之后，轻点“下一步”按钮，如果QQ邮箱没有进行过专门的设置，则此时iPad可能无法登录，提示你用户名或密码不正确。

8 此时你可以打开电脑，检查自己的QQ邮箱，可能会出现一封来自腾讯QQ邮箱管理员的POP3/SMTP服务设置提醒邮件。

9 需要单击“开启相关服务”。

10 邮件将跳转到指定的位置，可以同时选中“开启POP3/SMTP服务”和“开启IMAP/SMTP服务”复选框然后单击“保存更改”按钮。

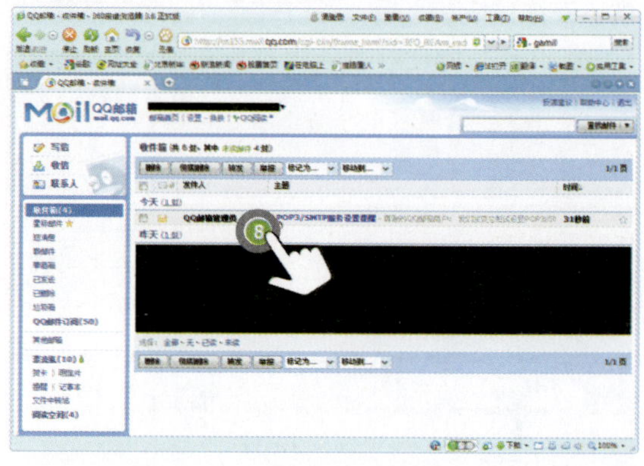

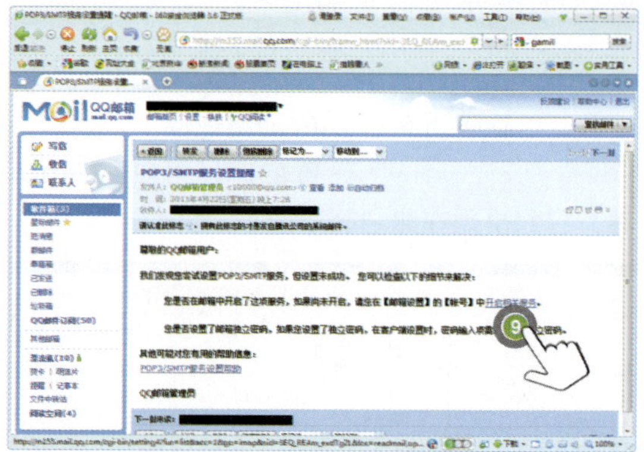

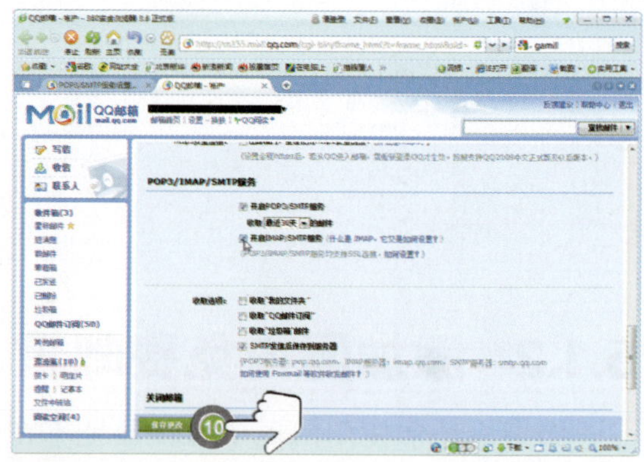

11 在开启上述服务之后，再次回到iPad中操作，此时你新添加的QQ邮件账户将可以通过验证，轻点“存储”按钮即可。

12 返回到“邮件、通讯录、日历”设置界面，新添加的QQ邮箱将出现在“账户”列表中。

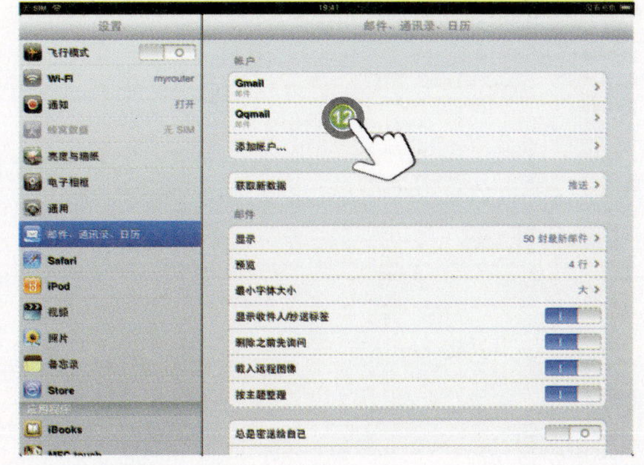

5.1.3 设置邮件选项

在iPad上收发邮件时，还可以对邮件账户的选项进行一些设置，例如默认账户、接收邮件的频率、邮件预览方式等。要设置iPad上的邮件选项，请按以下步骤操作：

1 轻点主屏幕上的“设置” 图标。

2 在出现的“设置”画面中，轻点左面的“邮件、通讯录、日历”分类。

3 在右面的“账户”选项下面，还包括一些“邮件”设置，可以通过它们来改变iPad邮件选项。例如，你可以轻点“获取新数据”选项。

4 在出现“获取新数据”界面时，可以选择开启“推送”功能。这样可以自动取得邮件。如果关闭了“推送”功能，则建议选择“手动”方式，这样可以使iPad待机时间更长。

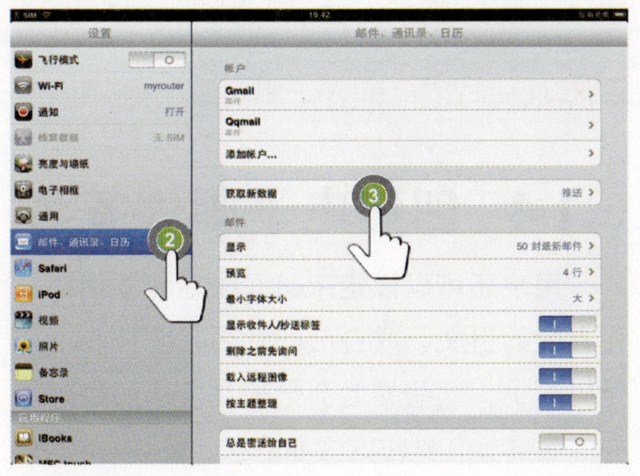

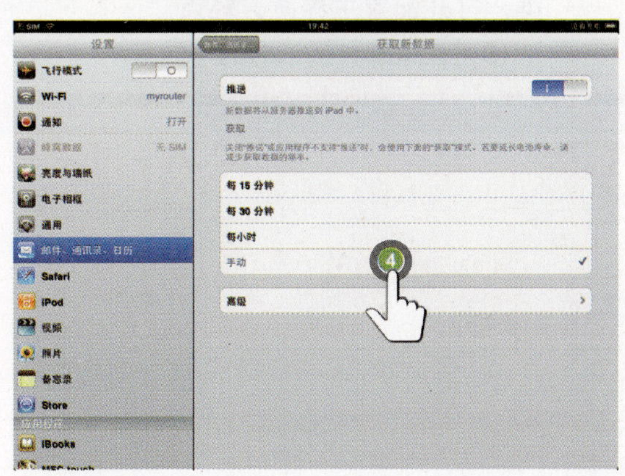

5 再次轻点左边的“邮件、通讯录、日历”分类，打开配置主界面，轻点“显示”，即可打开邮件“显示”选项。在该选项中，你可以设置新邮件的显示数量。

6 轻点左边的“邮件、通讯录、日历”分类，打开配置主界面，轻点“预览”，即可打开邮件“预览”选项。在该选项中，可以设置预览邮件时显示的行数。

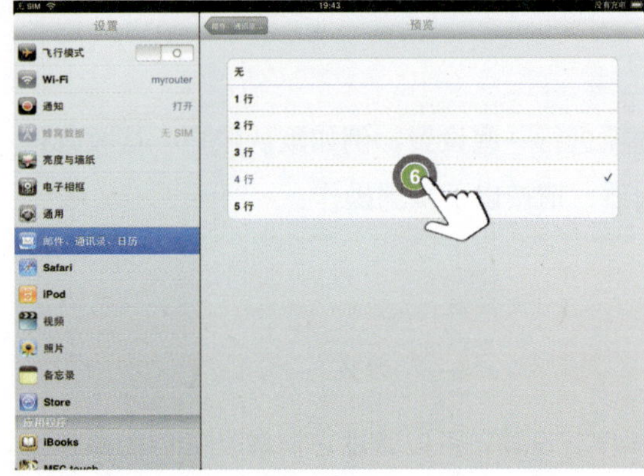

7 轻点左边的“邮件、通讯录、日历”分类，打开配置主界面，轻点“最小字体大小”，即可设置邮件阅读时的字体大小。

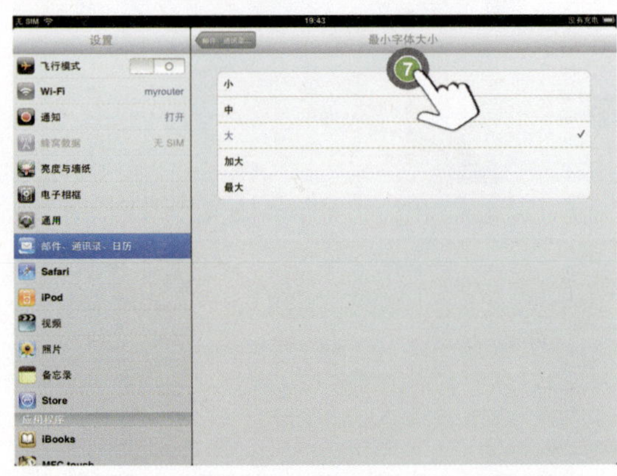

8 除了上述项目之外，还可以开启或关闭“显示收件人/抄送标签”、“删除之前先询问”、“载入远程图像”、“按主题整理”等选项。

9 还可以轻点“默认账户”，设置当前iPad所使用的默认邮件账户。

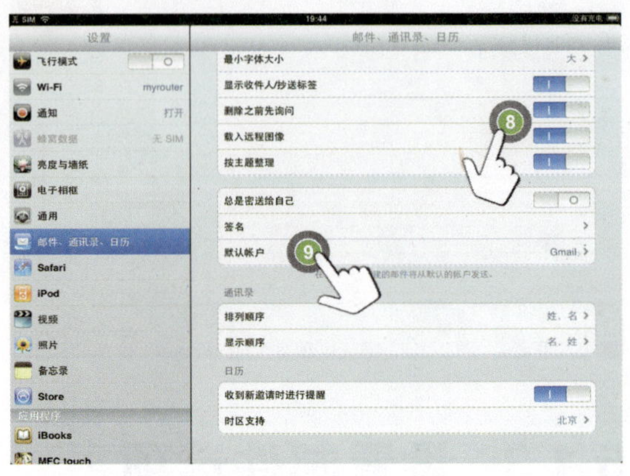

10 在出现的邮件帐户列表中，选择你需要的账户即可。

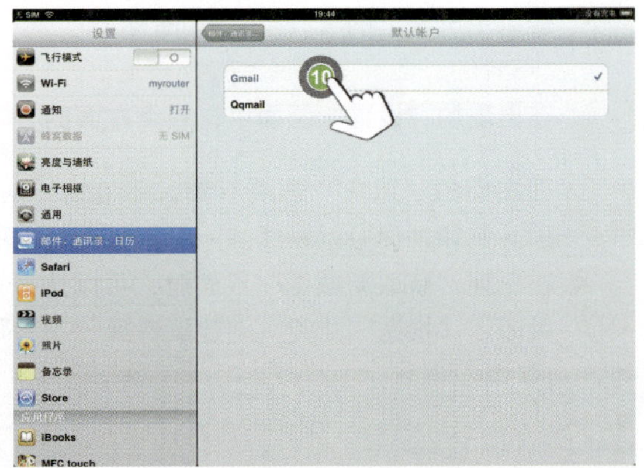

5.1.4 创建电子邮件签名

用户还可以设定iPad添加签名（例如，你喜爱的引文，或自己的姓名、职位和电话号码等），这些签名会出现在发送的每封邮件的底部。其操作方法如下：

1 轻点左边的“邮件、通讯录、日历”分类，打开邮件配置主界面。

2 轻点“签名”，以打开“签名”修改界面。

3 在“签名”框中修改签名。

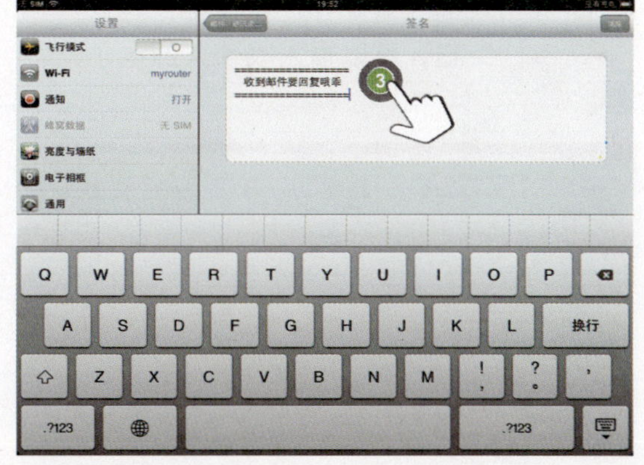

5.2 处理电子邮件

在设置电子邮件账户之后，就可以使用iPad处理电子邮件。例如，编写和发送邮件，检查和阅读邮件，搜索邮件内容、删除不必要的邮件等。

5.2.1 编写和发送电子邮件

要使用iPad编写电子邮件，请按以下步骤操作：

1 轻点主屏幕上的Mail图标。

2 在打开的“邮箱”界面中，可以在左侧看到当前iPad上所有的邮箱账户。邮箱右侧如果出现了带有淡蓝色背景的数字，则表示该邮箱包括多少封未读邮件。要新建邮件，可以轻点窗口右上角的“新邮件”按钮。

TIPS

Mail图标的右上角红色背景中所显示的数字表示当前有多少封未读邮件。

3 在出现的“新邮件”窗口中，轻点“收件人”框，可以输入收件人的电子邮箱地址。

4 使用手指按住“抄送/密送”，还可以出现“抄送”框和“密送”框，方便用户输入要抄送或密送的电子邮件地址。

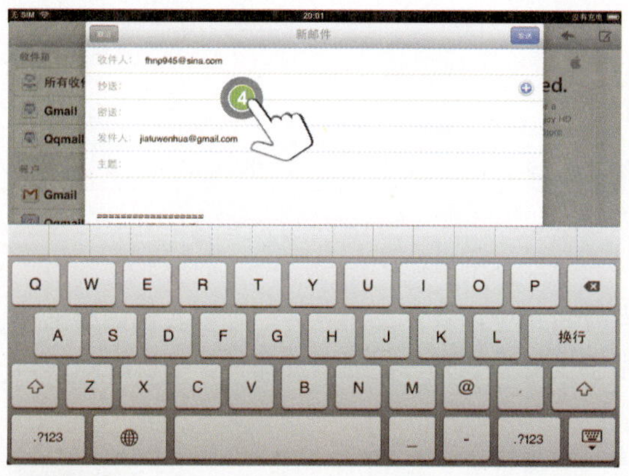

> **TIPS**
> 在“发件人”框中填写的是默认邮件账户，你也可以手动进行修改。

5 轻点“主题”文本框，即可输入邮件主题。

6 在邮件正文框中可以输入邮件的内容，完成之后轻点“发送”按钮即可。

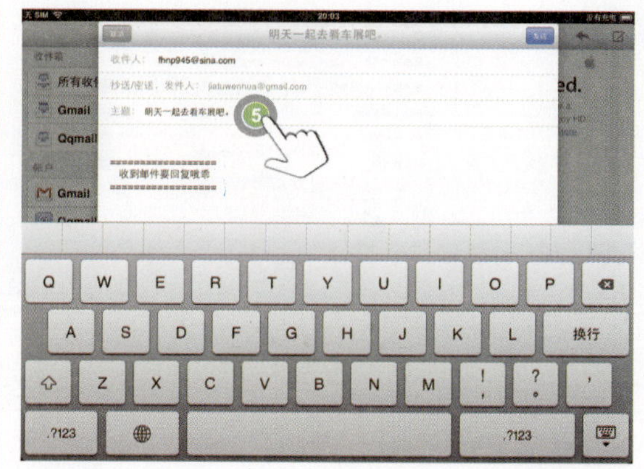

5.2.2 检查和阅读电子邮件

在启动邮件程序之后，iPad会自动检查和下载邮件。用户可以选择目标邮箱，然后打开其“收件箱”，以检查和阅读电子邮件。其操作方法如下：

1 轻点主屏幕上的Mail 图标。

2 在出现的“邮箱”列表中选择一个目标邮箱，例如，可以轻点“Qqmail”邮箱。

3 现在可以在左侧窗口中看到邮件列表，未阅读的邮件有蓝色小圆点。轻点列表中的项目，即可在右面的窗口中打开该邮件。

4 在打开邮件之后，如果邮件中包含图片，则会直接显示。手指轻按邮件中的图片，稍作停留，将出现“存储图像”和“拷贝”命令，方便保存图像。

TIPS

要局部放大邮件图片，可以连按图片区域两次。再次连按两次可以还原图片大小。如果要实现更大比例的缩放，则可以使用捏夹操作，这是我们前面讲过的网页浏览方法，在阅读邮件时同样有效。

iPad电子邮件附件支持的格式包括：.jpg、.tiff、.gif（图片）；.doc 及 .docx（Microsoft Word文档）；.htm 及 .html（网页）；.key（Keynote文档，相当于PPT）；.numbers（Numbers文档，相当于Excel）；.pages（Pages文档，相当于Word）；.pdf；.ppt及.pptx（Microsoft PowerPoint文档）；.txt（纯文本文件）；.rtf（写字板文档）；.vcf（联系人信息）；.xls 及 .xlsx（Microsoft Excel文档）；.MP3、AAC、WAV 和AIFF（音频文件）。所以，如果用户有上述文档需要查看，则在缺乏专门应用程序的情况下，也可以将它发送到邮箱里，然后通过邮箱打开。例如，如果用户的iPad上没有安装iWorks套件，打不开Word、Excel和PPT文档，则可以考虑将它们作为附件发送到电子邮箱中，然后在邮箱中打开和演示。

5.2.3 搜索电子邮件

iPad可以对发件人、收件人和邮件主题等进行搜索，以帮助用户尽快查找到符合自己需要的内容。要搜索电子邮件，请按以下步骤操作：

1 轻点主屏幕上的Mail 图标，进入某个邮箱帐户的收件箱，然后在左上角的“搜索”框中轻点，以弹出屏幕键盘。

2 输入搜索关键字，例如“南方”，则所有包含该名称的发件人的邮件都会显示出来。

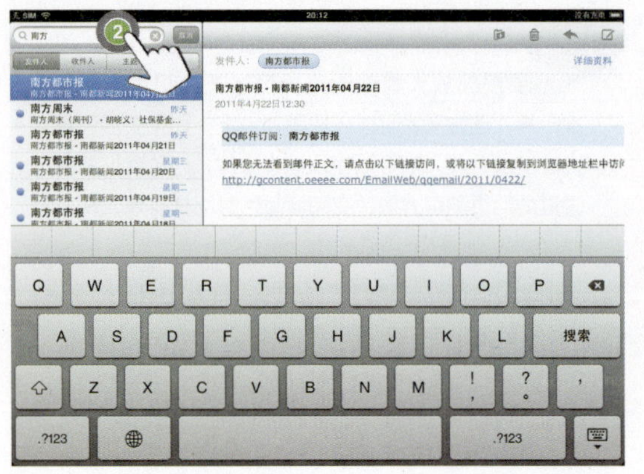

5.2.4 删除电子邮件

邮件太多会增加管理和阅读上的难度，而且也造成磁盘空间上的浪费，所以，对于某些没有保存价值的邮件，可以考虑将其删除。其操作方法如下：

1 轻点主屏幕上的Mail 图标，进入某个邮箱账户的收件箱，选择要删除的邮件，轻点右上角的垃圾箱按钮，系统将出现“删除邮件”命令，轻点一下即可。

2 如果要成批删除邮件，则可以轻点左侧窗口中的“编辑”按钮，然后轻点左侧邮件列表中的邮件，选择要删除的项目，再轻点“删除”按钮，在出现“删除所选邮件”命令时，再次轻点一下即可。

第6章

在iPad上玩照片

iPad拥有显示效果非常优秀的屏幕，可视角度大，尺寸合适，可随意旋转，是用户欣赏照片的理想工具；如果使用它向别人展示照片，更将为你赚足面子。

6.1 获取照片

拥有了iPad，就等于拥有了一个可随身携带的照片库。用户可以在任何地方，通过清晰鲜明的显示屏来欣赏这些照片，并与家人和朋友分享这些照片。iPad支持标准照片格式，如JPEG、TIFF、GIF和PNG等。要与电脑同步照片，可以使用iTunes软件或直接复制。

6.1.1 保存网页中的照片

当用户在访问网页时，发现了所喜欢的照片，则可以直接将它保存起来，这个方法简单省力，是获取照片的快速途径。其操作方法如下：

1 轻点主屏幕上的Safari 浏览器，输入目标网页网址开始浏览。

2 找到目标图片之后长按不撒手，则会出现“存储图像”和“拷贝”菜单，轻点“存储图像”按钮即可。

6.1.2 捕捉iPad屏幕

捕捉iPad屏幕是获得图片的另外一种快速方法，特别是在玩游戏时，可以通过这种方法保存精彩的游戏画面，以供日后欣赏。其操作方法如下：

1 轻点图标启动iPad上的某个游戏。

2 在出现你所中意的画面时，同时按下主屏幕按键和休眠/唤醒按键，保存屏幕截图。

6.1.3 与电脑同步照片

电脑中的图片可以通过同步的方式传送到iPad中，这也是iPad获得图片的重要来源。其操作方法如下：

1 将iPad和电脑通过USB线连接起来。

2 此时iTunes应该会立即启动，并且识别出连接的设备。单击左侧“设备”列表中的iPad名称。

3 单击右侧顶部的“照片”按钮。

4 选中“同步照片，来自”复选框，然后在旁边的下拉菜单中单击“选取文件夹”。

5 在出现的“更改照片文件夹的位置”对话框中，选择要同步的照片文件所在位置，例如“车展照片”文件夹，然后单击“选择文件夹”按钮。

6 单击“应用”按钮。

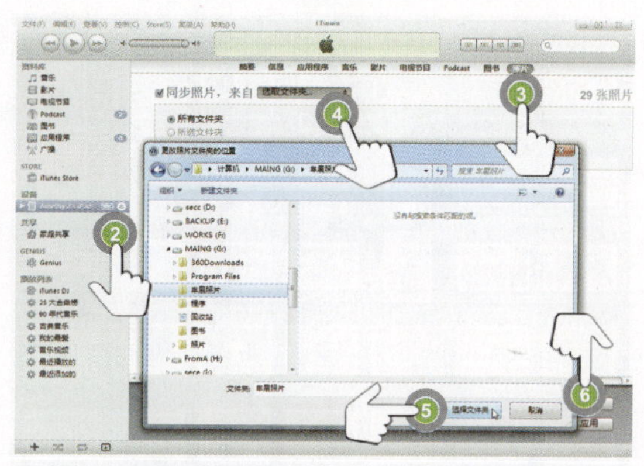

6.2 查看和管理照片

在将照片导入iPad之后，就可以在iPad中查看和展示它，或者通过邮件发送给其他人共享。另外，还可以使用iPad中的照片作为电子相框，这样更方便展示。

6.2.1 浏览照片

要查看iPad中的照片，请按以下步骤操作：

1 轻点主屏幕底部的“照片”图标。

2 在打开“照片”程序之后，可以看到两个分类：“照片”和“相簿”。轻点顶部的“相簿”分类，可以查看当前iPad上归类的相册：“存储的照片”和“照片图库”。

3 轻点“照片”分类，则可以看到当前iPad上的所有照片的缩略图。

4 轻点任意图像的缩略图，即可在全屏状态下查看该图片。轻按照片以显示控制工具栏。再次轻按则可以隐藏控制工具栏。

5 在照片上轻点两下或使用捏夹操作，可以轻松放大图片，使图片满屏显示。

6 转动iPad方向，可以使图片由横向显示变成纵向显示。

7 使用手指左右移动则可以查看上一张或下一张图片。

8 用户也可以在图片上轻点一下，在出现控制工具栏时，手指在下方的缩略图中移动，即可选取和查看不同的图片。

9 要以幻灯片方式连续查看照片，则可以轻点图片控制工具栏上的“幻灯片显示”按钮。

10 在出现的“幻灯片显示选项”对话框中，轻点“音乐”选项可以设置iPad上的某个音乐作为照片播放的背景音乐。

11 轻点“开始播放幻灯片显示”按钮。

12 要设定每张照片的显示时间或随机播放等选项，可以先按主屏幕按键退出照片程序，然后轻点主屏幕上的“设置”图标。

13 在出现的“设置”界面中，轻点“照片”分类。

14 轻点“每张幻灯片播放”选项，即可设置照片以幻灯片显示的停留时间。

15 轻点“重复播放”和“随机播放”选项按钮可以开启对应功能。

6.2.2 通过电子邮件发送照片

要使用电子邮件发送照片，请按以下步骤操作：

1 轻点主屏幕上的“照片”图标，打开iPad“照片”程序。

2 浏览并选定要发送的图片，轻点右上角的箭头按钮。在出现的菜单中轻点“用电子邮件发送照片”。

3 在出现的“新邮件”对话框中，邮件内容默认已经粘贴了所选中的图片，可以在“收件人”框中输入好友的电子邮件地址。

4 在“主题”框中输入邮件主题。

5 轻点“发送”按钮即可。

6.2.3 将照片指定给联系人

如果照片库中刚好有某个联系人的照片，那么，你就可以将照片指定给该联系人，这样，就能更准确地识别自己的联系人，同时也丰富了联系人信息。其操作方法如下：

1 轻点主屏幕上的“照片” 图标，打开iPad“照片”程序。

2 浏览并选定某个联系人的图片，轻点右上角的箭头按钮。在出现的菜单中轻点“指定给联系人”。

3 系统将立即打开“所有联系人”列表，可以从中选择目标联系人。例如“嘉雯”。

4 在选定联系人之后，可以对联系人的头像图片进行移动和缩放操作，然后轻点“使用”按钮即可。

6.2.4 使用iPad作为电子相册

当iPad处于锁定状态时，你可以将它作为电子相框来使用，这是一种极好的途径，可以让用户在使用iPad基座给它充电的同时，享受它所带来的乐趣。

要激活电子相框功能，请按以下步骤操作：

1 轻按iPad顶部的“睡眠/唤醒”按钮，关闭屏幕。

TIPS

“睡眠/唤醒”按钮轻按一下即可，不能长按不放，否则将会关机。如果屏幕已经关闭，则不必按该按钮，直接转下一步操作即可。

2 按下主屏幕按键，打开屏幕，在解锁iPad之前，你可以看到在解锁条右侧有一个电子相框按钮，按下它就可以激活iPad的电子相框功能。

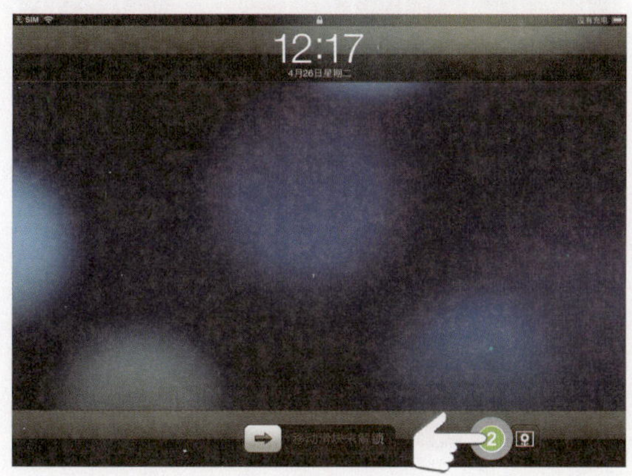

3 要设置电子相框图片的显示时间间隔，可以轻点主屏幕上的“设置”图标，然后在左面的“设置”面板中选择“电子相框”分类。

4 轻点右面的“每张照片显示”选项。

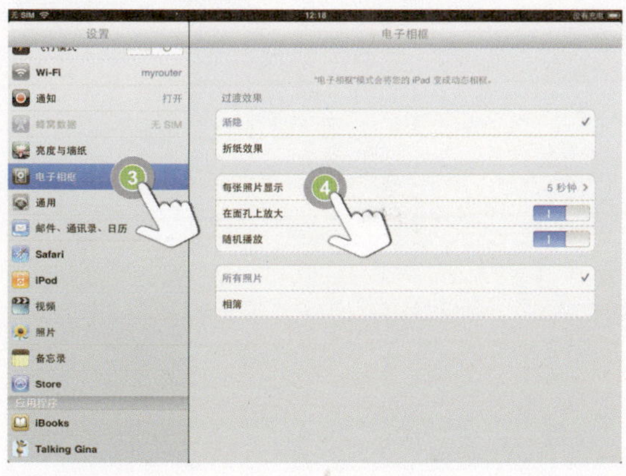

5 在出现的“每张照片显示”设置画面中，可以选择2~20秒之间的5种间隔。

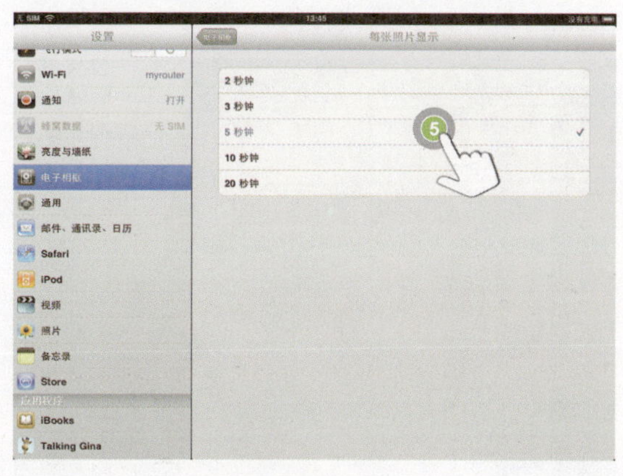

6.2.5 删除照片

iPad上的照片相簿分两类，一类是“存储的照片”，另一类是“照片图库”。其中，“存储的照片”包含从电子邮件或Web存储的照片、通过截取iPad屏幕获得的照片，这些照片是可以直接删除的；“照片图库”则是从电脑同步的照片，对于这一类的照片，用户不能直接删除，而需要从电脑上的相簿中删除该照片，然后再次同步iPad。

要直接删除iPad上保存的照片，请按以下步骤操作：

1 轻点主屏幕上的“照片”图标，在出现照片程序界面时轻点顶部的“相簿”分类，然后轻点打开“存储的照片”。

2 在打开查看照片的界面之后，选择要删除的单张照片，然后轻点控制工具栏右上角的“删除照片”按钮。

3 要成批删除照片，可以在打开“存储的照片”分类之后，轻点右上角的箭头按钮。

4 使用手指轻点要删除的图片，在图片的右下角将出现蓝色选中标记，然后轻点“删除”按钮，再轻点“删除所选照片”按钮。

第7章

随身享受影音娱乐

使用iPad可以观看影片、音乐视频（MV）、播客和电视连续剧等。iPad亮丽细致的屏幕，将保证你欣赏这些内容时可以获得良好的画面效果。

7.1 iPad支持的音频和视频格式

虽然使用iTunes可以将电脑上的音乐和视频内容同步到iPad中，但是，在执行该操作时，用户可能会遇到无法同步的问题，这是因为iTunes发现了iPad所不支持的音频或视频格式。只有iPad支持的格式才会被同步到iPad中。

iPad音频播放频率响应范围为：20Hz~20,000Hz，所支持的音频格式包括：AAC（16至320Kbps）、Protected AAC（来自iTunes Store）、MP3（16至320 Kbps）、MP3 VBR、Audible（formats 2、3、4）、Apple Lossless、AIFF以及WAV等。

iPad视频播放使用Dock Connector to VGA Adapter，可支持1024×768像素；使用Apple Component AV Cable可达到576P和480P，使用Apple Composite AV Cable可达到576i与480i。H.264视频可达720P、每秒30帧、Main Profile level 3.1采用AAC-LC音频最高160Kbps，48kHz，立体声文件格式为*.m4v、*.mp4 与*.mov；MPEG-4视频可达2.5Mbps，640×480像素，每秒30帧，Simple Profile采用AAC-LC音频，最高160Kbps，48kHz，立体声音频采用*.m4v、*.mp4和*.mov文件格式；Motion JPEG（M-JPEG）可达35Mbps、1280×720像素、每秒30帧、u-Law 音频数据。PCM 立体声音频为*.avi 文件格式。

7.2 播放和管理音乐

前面我们已经介绍过，用户可以通过iTunes将电脑上的音乐文件同步到iPad上（必须是iPad支持的格式），然后在iPad中打开播放。

7.2.1 在iPad上播放音乐

在电脑上你可以使用iTunes播放音乐，而在iPad上则可以使用iPod程序播放音乐、电台节目以及播客内容等。要使用iPad播放音乐，请按以下步骤操作：

1. 轻点主屏幕底部的iPod 图标，以打开音乐播放程序。
2. 在出现的iPod界面中，轻点左侧的“音乐”分类，然后在右侧的音乐列表中轻点要播放的歌曲。

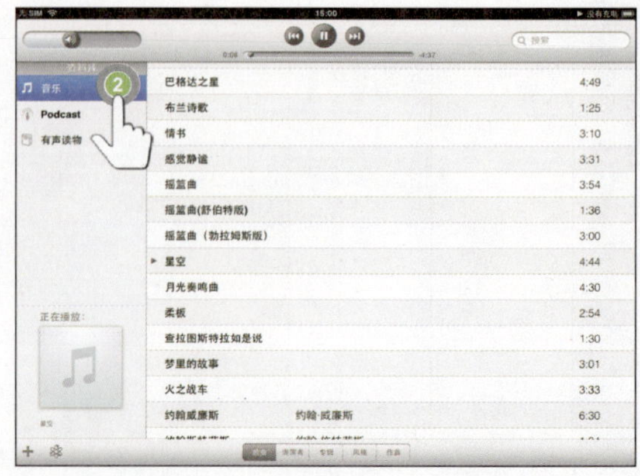

3 你所选择播放的歌曲将在单独的窗口中打开，并且显示其剪辑画面。如果没有剪辑画面，则显示的就是一个音符。要切换显示，可以轻点右下角的“列表”按钮，iPad将显示当前音乐的详细列表。

4 你可以通过上面的播放控件调整音量、暂停、上一首、下一首、播放进度、循环和随机播放等。

5 要返回到iPod音乐播放主界面，可以轻点左下角的箭头按钮。

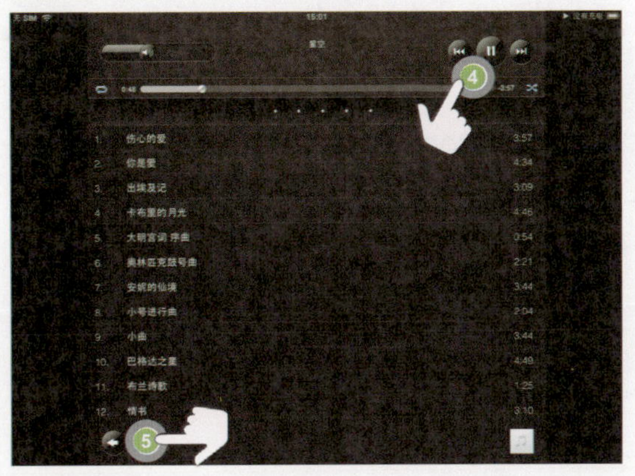

6 直接按主屏幕键退出iPod，则音乐将继续播放，此时你可以执行其他程序，使当前播放的音乐成为背景音乐。

7.2.2 控制后台播放的音乐

在打开某个应用的同时，后台通过iPod程序正在播放音乐，这时候如果希望不退出现有的应用，而又想改变播放的歌曲，播放音量，或直接进入iPod播放器等，则可以按以下步骤操作：

1 连续按两次主屏幕键。系统会弹出一个小菜单，显示当前iPad可以执行的应用。轻点iPod图标即可进入iPod播放器。

2 也可以使用手指向右推动程序图标，则此时iPad将显示音乐播放的调节选项，方便控制后台播放的音乐。

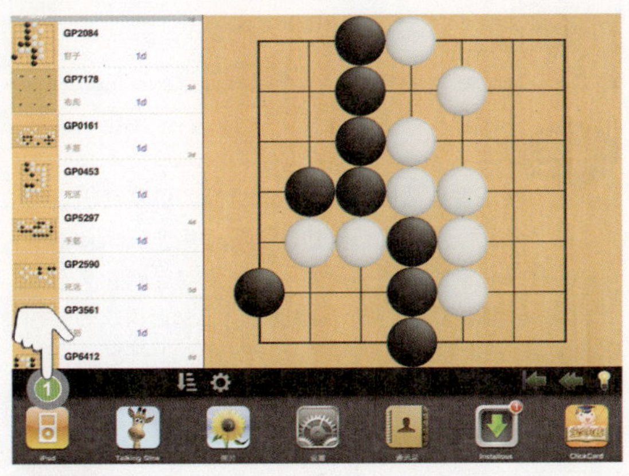

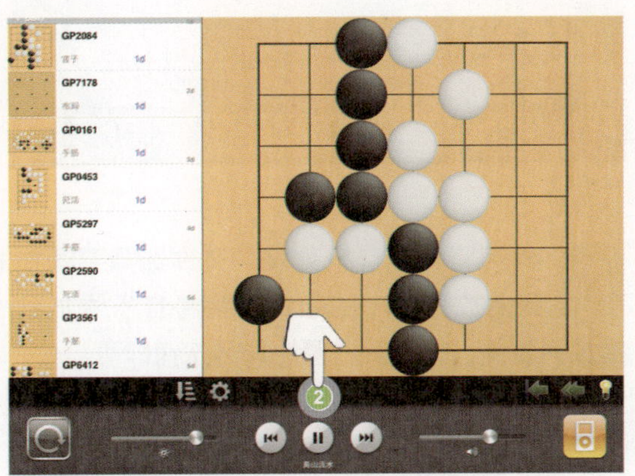

TIPS 要快速使iPad的扬声器没有声音，则可以按住下调音量的按钮两秒钟，iPad将变为静音模式。

7.2.3 创建播放列表

在iPad中还可以创建播放列表，将你所喜欢的音乐分类整合在一起进行播放。要添加播放列表，请按以下步骤操作：

1 轻点iPod程序窗口左下角的加号按钮。

2 在出现的对话框中给新播放列表命名，然后轻点“存储”按钮。

3 iPod将打开音乐列表，允许选择要添加到播放列表中的项目。要将音乐添加到播放列表中，轻点其右侧的加号按钮即可。

4 已经添加到列表中的歌曲将以灰色显示。在添加完成之后，轻点右上角的“完成”按钮。

5 在创建播放列表之后，还可以对其进行编辑。例如，如果有不需要的歌曲，则可以轻点其名称前面的红色按钮，然后轻点右侧的“删除”按钮将它从播放列表中删除。

6 轻点“完成”按钮。

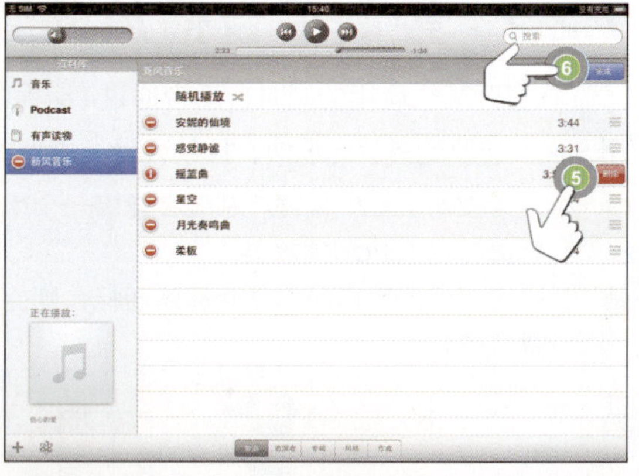

TIPS

音乐被从播放列表中删除之后，仍然会出现在“音乐”列表中。通过iTunes账号同步到iPad中的音乐是不能直接删除的。如果要彻底删除某个音乐，则需要先在iTunes中删除它，然后再次同步iPad。

7.3 播放和管理视频

使用iTunes可以将电脑上的影片转换为iPad支持的视频格式，然后通过同步操作，用户可以将视频导入iPad中播放。当然，在连接网络的情况下，也可以直接观看网络视频，这和用户在电脑上通过浏览器打开视频是一样的。另外，现在很多视频网站都针对iPad推出了自己的专门客户端，例如本书第3章介绍iTunes时所下载的“搜狐视频”。在安装这个客户端之后，用户就可以方便地观看视频了。

7.3.1 通过网络实时播放视频

iPad目前仍然不支持采用FLV流媒体格式播放的视频内容，但是，很多视频站点都为此提供了解决方案。对于在线视频，iPad内置了YouTube站点，但是由于众所周知的原因，国内用户在不翻墙的情况下，是无法访问YouTube视频站点的，即使通过翻墙技术能访问该站点，也可能面临时断时续的尴尬境地，所以，iPad主屏幕上的YouTube图标，对于国内用户形同虚设，这不能不说是一个遗憾。当然，如果用户确实很想通过iPad观看视频，那么也可以访问一些国内的站点，例如网易视频。

要观看网络站点上的视频，请按以下步骤操作：

1 轻点主屏幕底部的Safari 图标，以打开Safari浏览器。

2 在浏览器地址栏中输入网易的网址：www.163.com，会自动转入网易的iPad频道www.163.com/ipad。

3 轻点主页上的“视频”分类。

4 在网易视频首页中，轻点“公开课”标签，这是支持iPad直接播放的视频内容。

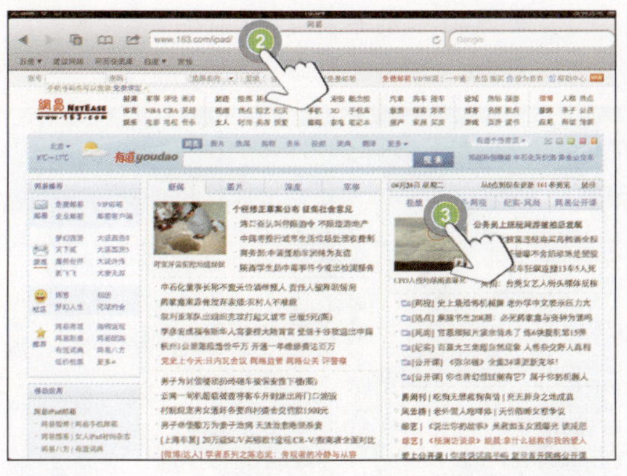

5 在公开课页面中选择你所感兴趣的内容，例如斯坦福大学《iPhone开发教程》，轻点播放按钮即可播放。

6 视频载入完成之后将立即播放，你可以通过网页中提供的工具栏控制视频播放进度或画面大小等，也可以通过iPad特有的捏夹操作实现全屏观看。

7.3.2 播放iPad中的视频

iTunes资料库中的“影片”、“电视节目”和“Podcast”分类内容均可以将视频内容同步到iPad上。要播放iPad中的视频，请按以下步骤操作：

1 轻点主屏幕上的“视频”图标。

2 在出现的视频界面中选择分类，例如“影片”或“Podcast”。

3 轻点选择要播放的视频，此时你可以看到该视频的详细信息，轻点播放按钮即可播放。

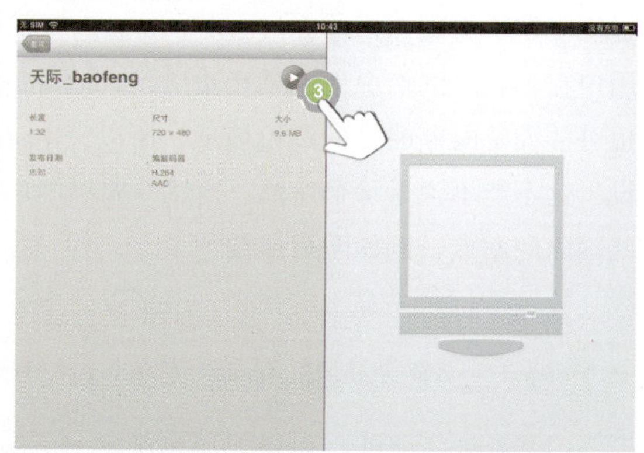

4 在播放视频时，iPad默认会隐藏控制工具栏。用户可以使用手指在视频画面中轻点，即可出现控制工具栏。通过控制工具栏可以拖动控制播放进度、暂停播放、调节音量等。

5 要退出当前视频，可以轻点“完成”按钮。

6 要播放Podcast（播客）内容，可以在视频界面中轻点“Podcast”分类。

7 轻点Podcast预览画面，可以打开Podcast分类内容，你可以选择具体的Podcast视频，轻点播放按钮即可播放。

8 Podcast内容的播放和普通视频播放是一样的，轻点画面即可显示其控制工具栏。要关闭当前Podcast，可以轻点“完成”按钮。

7.3.3 删除iPad上的视频

视频文件一般都比较大，如果用户需要腾出iPad上的空间，则可以考虑将某些不必要的视频删除。

要删除iPad上的视频，请按以下步骤操作：

1 使用手指长按视频预览图标，这样，选定视频左上角会出现删除标记。轻点该删除标记。

2 当出现询问是否删除视频的对话框时，轻点“删除”按钮即可。

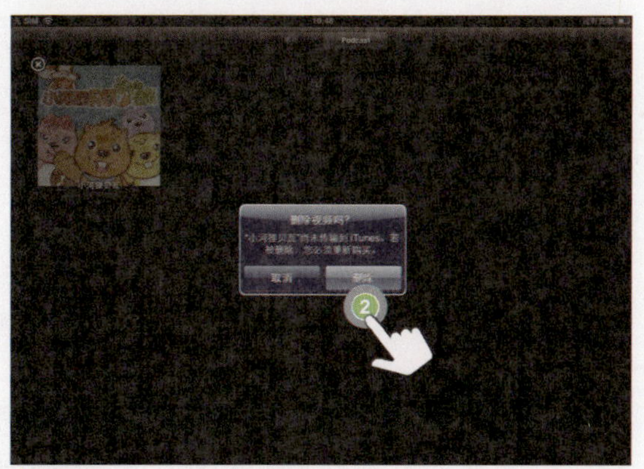

TIPS

用户在iPad中的操作并不影响电脑中的iTunes资料库，资料库中的视频仍然是存在的，但是，如果用户的视频和播客内容是在iPad上直接购买和下载的，那么建议先同步到iTunes中，这样，如果以后又想再次播放该视频，则可以通过和电脑同步的方式，将被删除的视频重新复制到iPad中。

7.4 使用Air Video创建空中影院

iPad所能支持的视频比较有限，特别是网络上比较流行的RMVB、WMV、FLV等格式它都不支持，必须要通过转换才能同步到iPad，这样的操作虽然不算复杂，但是相当耗费时间，要知道现在的视频文件动辄数百MB甚至以GB论，转换所需要的时间也是很漫长的。那么，有没有一种方法，可以快速在iPad上播放视频，而无需进行复杂的转换和同步操作呢？有！这就是使用Air Video实现的iPad空中影院。

7.4.1 在电脑上安装 Air Video Server

Air Video可以通过WiFi在包括iPhone、iTouch和iPad在内的iOS设备上播放电脑上的任意格式视频文件，最高支持1080P高清视频的实时转换播放。同时，Air Video还可以设置密码，支持外挂字幕和视频格式转换功能。

Air Video的原理很简单，就是在电脑上安装Air Video Server（也就是服务器版），作为“空中影院”的服务器，然后在iPad上安装Air Video程序接收和播放来自电脑服务器端的视频内容，等于借用了电脑的磁盘空间和解压缩能力，只是将播放画面传递到iPad上，这样就有效地解决了格式不兼容和磁盘空间不足的问题。

电脑端的服务器版AirVideo Server非常强大，支持RM、MP4、AVI、FLV等几乎全部主流格式的视频文件。官方提供的Air Video Server分为两个版本：分别支持苹果操作系统和Windows操作系统，这款服务器版软件是免费的，用户可以到官网进行下载并安装，其具体操作方法如下：

1 在浏览器地址栏中输入：http://www.inmethod.com/air-video/download.html地址，以访问Air Video官网并下载其服务器版。

2 根据你的电脑操作系统选择单击适用的软件版本以下载。在本例中，我们选择Download Air Video Server for Windows。

3 在下载完毕之后，双击获得的安装程序文件，以安装Air Video Server。在出现安装向导对话框时单击Next（下一步）按钮继续。

4 在出现Choose Installation Location（选择安装位置）对话框时，选择一个用户认为合适的安装位置或直接按默认位置，单击Install（安装）按钮。

5 安装结束之后，可以单击Finish（完成）按钮以关闭对话框。

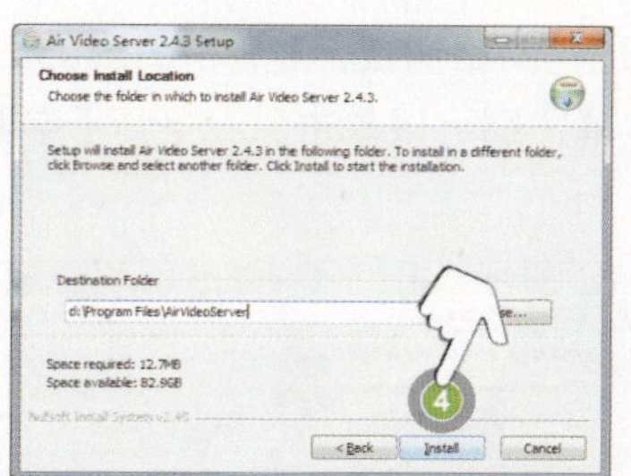

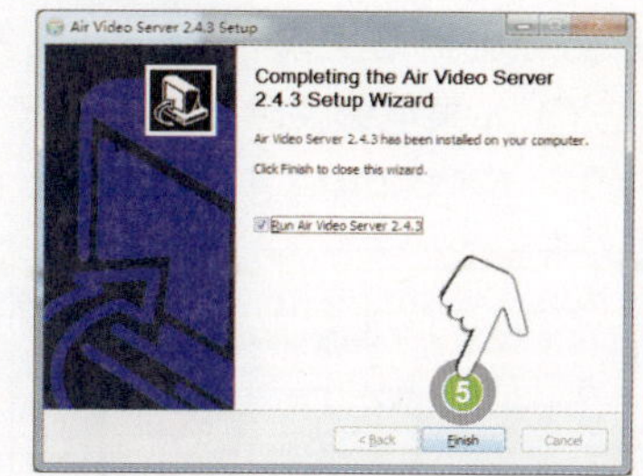

TIPS

默认选中的Run Air Video Server 2.4.3（运行Air Video Server 2.4.3服务器版）复选框不要取消。如果用户的电脑上缺乏Java运行环境，则会提示安装Java Runtime Environment。

7.4.2 运行和设置Air Video Server

在电脑上安装Air Video Server服务器之后，就可以将电脑里的视频文件添加到服务器中了。其操作方法如下：

1 双击桌面上的Air Video Server服务器图标 以启动Air Video Server。

2 单击Windows工具栏上的 图标以打开Air Video Server。

3 在出现的Air Video Server 2.4.3 Properties（属性）对话框中，单击Add Disk Folder（添加磁盘文件夹）按钮。

4 在出现的“浏览文件夹”对话框中，选择视频文件所在的目录，例如“影片”。然后单击“确定”按钮。

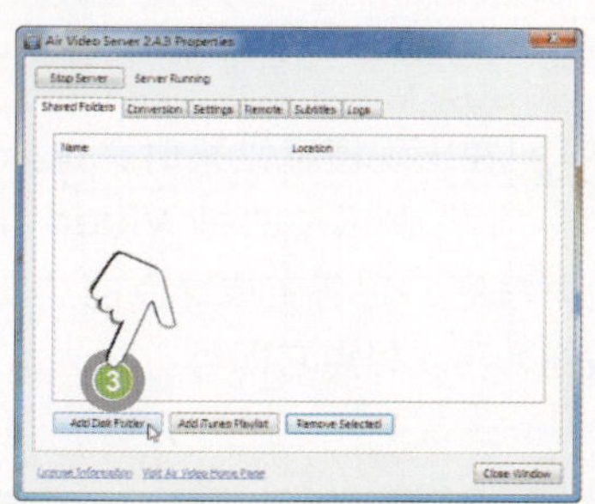

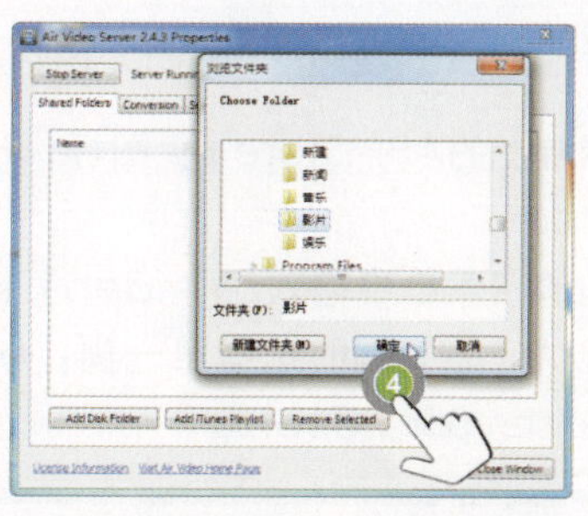

TIPS

重复以上操作步骤可以添加多个文件夹到Air Video Server中。如果想要删除已经添加的文件夹，则可以单击Remove Selected（删除选定的文件夹）按钮。

5 如果用户所处的环境是一个开放的网络环境中，还可以通过设置密码来限制其他用户访问你的Air Video Server服务器。其方法是单击Settings（设置）选项卡，然后单击选中Require Password（需要密码）复选框，在出现的Change Password（修改密码）框中输入一个密码。

6 如果要通过远程Internet方式访问自己的Air Video Server服务器，则可以单击Remote（远程）选项卡，选中Enable Access from Internet（启用Internet远程访问）复选框，则当前服务器会自动生成一个PIN码，并进行网络测试，显示Status OK表示测试连接成功。

7 如果电影文件中还外挂了字幕，则可以单击Subtitles（字幕）选项卡，然后设置电影字幕的字体和编码等。

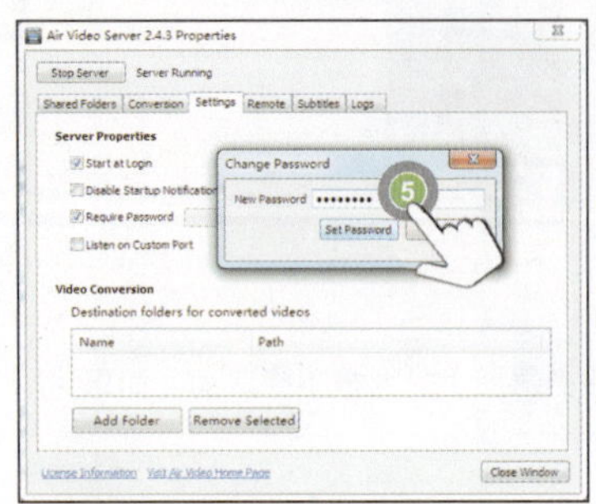
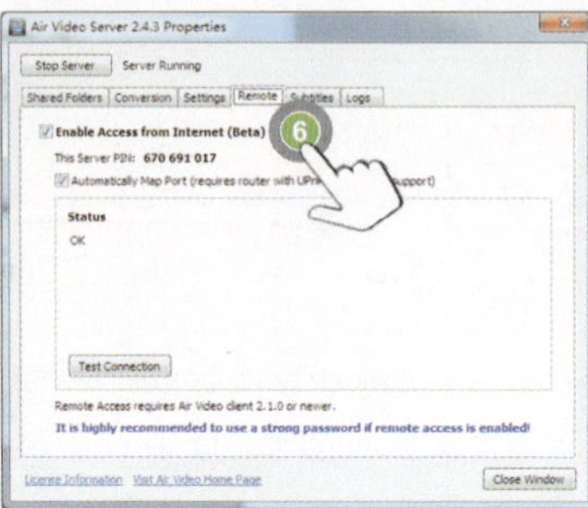
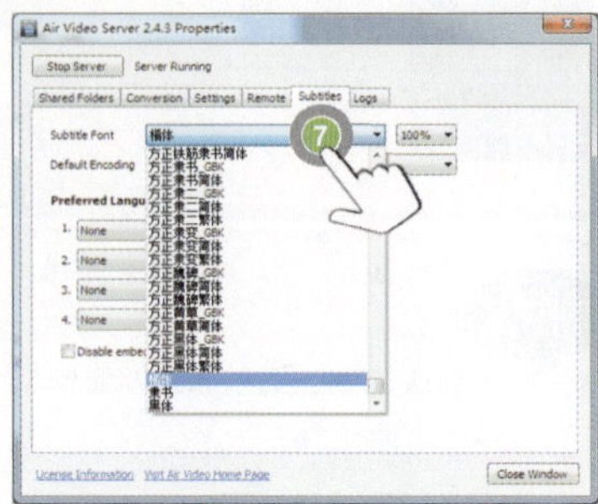

TIPS

记住This Server PIN（当前服务器PIN码）后面的数字，它将在iPad端的设置中有用。

至此，Air Video Server电脑服务器端的操作结束，只要用户在iPad上进行一些简单设置就可以播放影片了。

7.4.3 在iPad上安装 Air Video

Air Video软件分服务器端和客户端，在电脑上安装的是Air Video Server服务器端，那么在iPad上就需要安装Air Video客户端。Air Video客户端软件有免费版和收费版两种。免费版不能显示服务器端的全部影片，而收费版则没有这种限制。用户可以先安装免费版试一试其功能，觉得合适了再购买其收费版。

要在iPad上安装Air Video，请按以下步骤操作：

1 轻点主屏幕上的APP Store 图标，进入APP Store。

2 在右上角的搜索框中输入air video关键字，出现“建议”框时选择第一项：air video free-watch your video...

3 在出现搜索结果时，选择“iPad应用软件”列表中的Air Video Free，轻点“免费”按钮，它将变成绿色的“安装应用软件”按钮，再次轻点它即可。

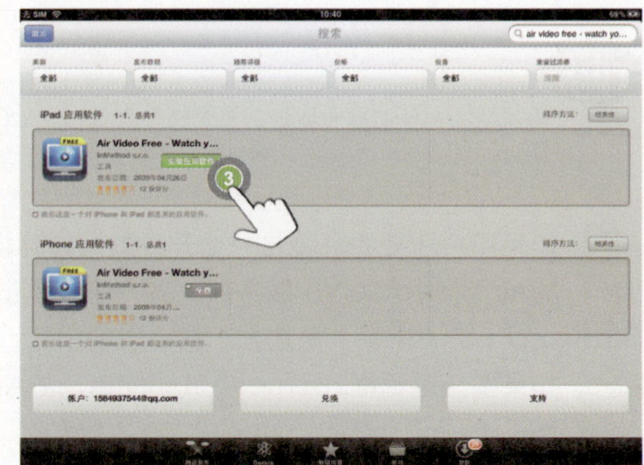

4 在安装之前，你需要提供Apple ID和密码才能下载程序。密码输入完成之后，轻点“好”按钮。

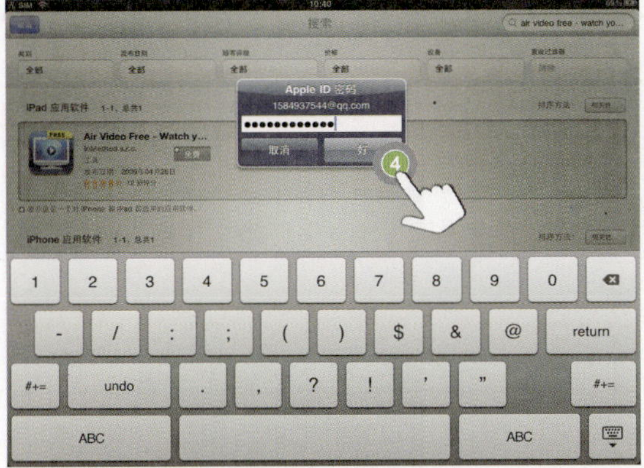

5 安装好的Air Video Free程序图标将出现在主屏幕上，轻点它即可运行。

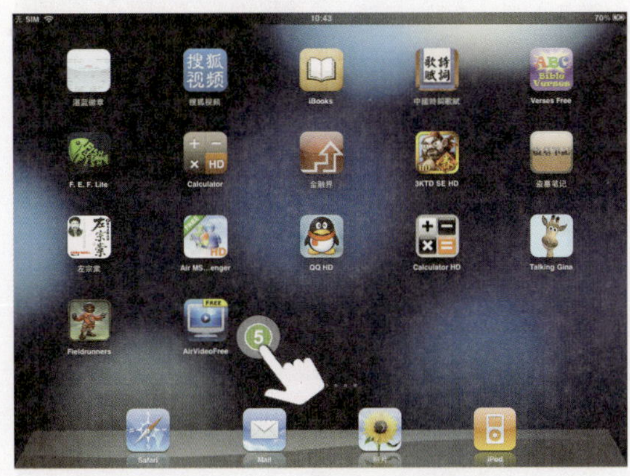

7.4.4 在iPad上播放和欣赏视频

在安装了Air Video Free应用软件之后，你就可以通过它连接电脑上的Air Video Server，播放存放在电脑服务器端的视频了。其具体操作方法如下：

1 轻点主屏幕上的Air Video Free 程序图标，启动该程序。

2 在出现Air Video Free程序界面时，启动左上角的加号（+）按钮，以添加服务器。

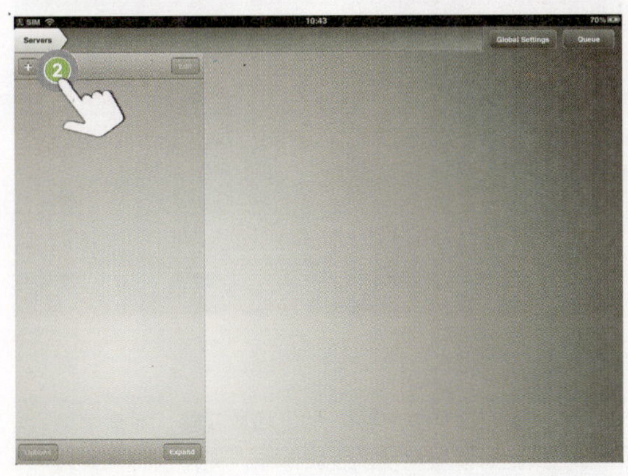

3 Air Video Server的服务器端访问有两种方式，一是本地局域网，另外一种则是通过服务器PIN码建立的Internet访问。在轻点加号按钮之后，Air Video会自动搜索本地网络，找到可用的Air Video Server服务器端电脑。在本实例中，也就是在Computers on Local Network（本地局域网计算机）列表中的hg-PC。如果要通过Internet访问Air Video Server服务器端，则可以轻点Enter Server PIN选项。

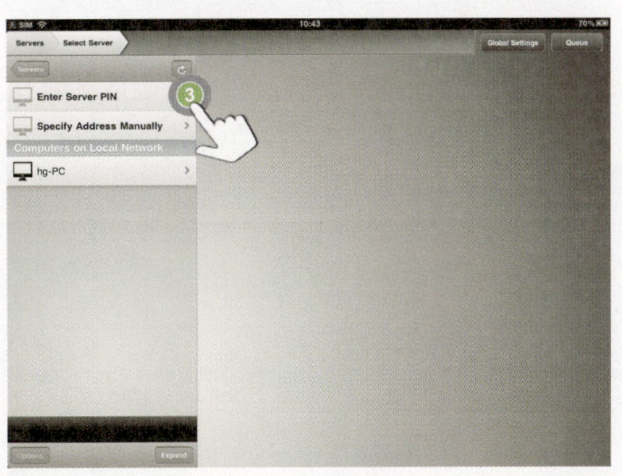

4 输入在设置Air Video Server远程选项时自动分配的Server PIN码，然后轻点Save（保存）按钮。

5 Air Video将立即搜索该PIN对应的远程服务器端电脑，并显示在Server（服务器）列表中。轻点搜索结果（在本实例中仍然是hg-PC），会要求输入服务器密码，这也是在前面特意设置过的。

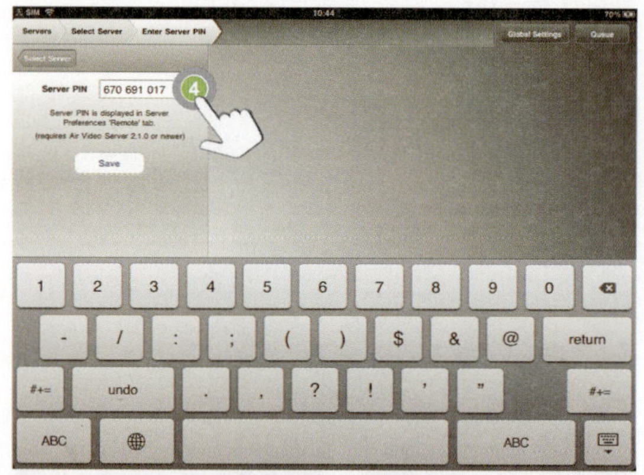

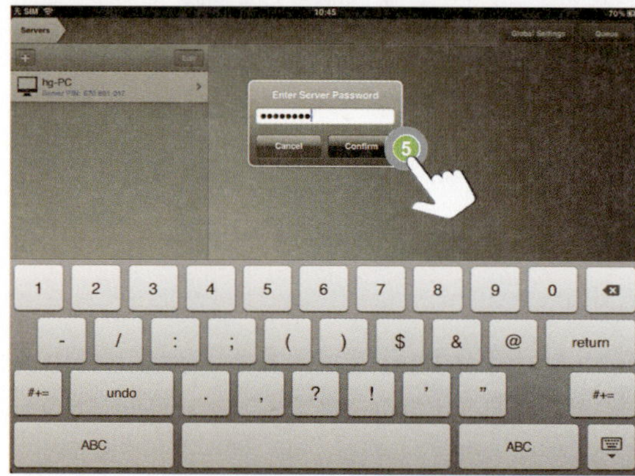

6 密码验证通过之后，即可看到服务器端的影片数量，显示为5。轻点即可打开列表。

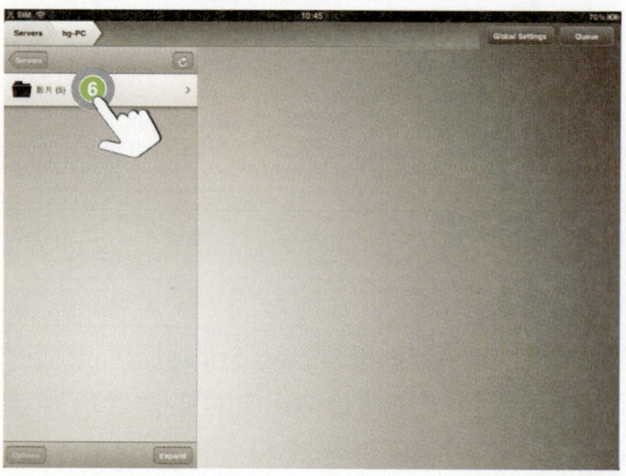

7 本实例所安装的Air Video Free为免费版，所以影片没有显示完全，只能看到4部影片的片名，点击任意一部影片名称即可开始播放。

8 轻点影片控制工具栏上的按钮，即可实现播放/暂停、进度拖动、全屏显示等功能。

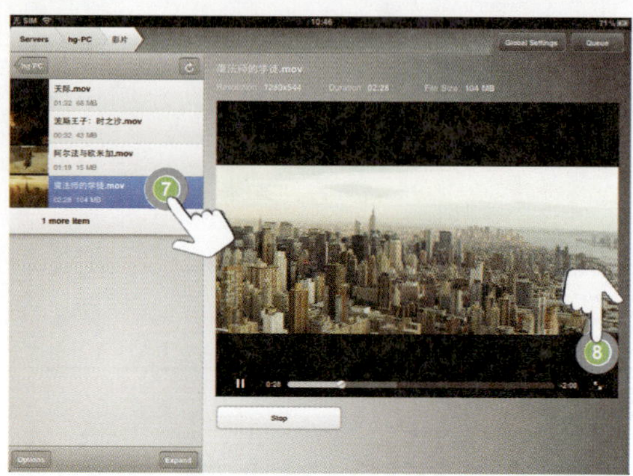

9 在全屏播放状态下，要控制影片播放，则可以在画面上轻点，以显示播放控制工具栏。这和普通iPad视频播放控制操作是一样的。

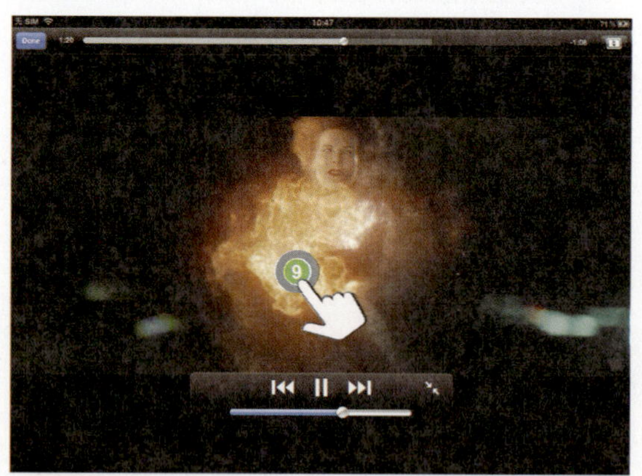

TIPS

通过这种方式在iPad上播放视频，完全摆脱了iPad对视频格式的支持限制，无需进行任何转换，也不占用庞大的磁盘空间，画面效果精彩细腻，操作起来方便快捷，是一种完全可行的iPad视频播放替代解决方案。

第8章

越狱和破解

苹果iOS系统屏蔽了用户文件目录权限，使用户无法访问程序文件夹修改软件和系统，这样的设计一方面增强了系统安全性，另外一方面也限制了用户本身的操作，所以才会有“越狱”一说。越狱之后，用户就获得了对于系统的完全权限，当然也降低了系统的安全性，所以对于是否越狱，你还需要根据自己的情况谨慎考虑。

8.1 iPad越狱教程

对于很多国内用户来说，越狱的目的也许就是为了安装盗版软件，但需要澄清的是，越狱并不等于盗版。越狱之后可以对iPad进行系统改造或安装合法的第三方软件，这些都是用户的正当权益。例如，如果你想要在iPad上安装自己适用的输入法，但这在iOS上属于系统权限，在不越狱的情况下是无法实现的，只有在越狱之后才能添加和安装输入法，所以，越狱的最主要作用是突破现有操作系统的限制，扩展设备的可用性，而盗版只是一种副产品，是纯粹的个人行为，并不是越狱的必然结果，所以它们并不能混为一谈。

8.1.1 iPad越狱的意义和思路

iPad和iPhone、iPod一样，都是使用iOS操作系统的。该系统不对用户开放文件目录权限，所以用户无法访问程序文件夹修改软件和系统。所谓“越狱”就是打破这种封锁，让用户可以直接访问根目录和所有目录，修改文件权限，修改文件属性，修改文件内容，直接对文件夹操作等。具体到实际操作则包括：添加输入法、美化图标、强化功能、系统插件（例如支持Flash播放等）、不通过iTunes就可以对iPad的文件夹进行拷贝、移动、剪切和粘帖等操作。

iOS系统的越狱大致可以分为3个步骤：第一个步骤是获取ROOT权限，首先由破解工具进入到iPad恢复模式或者DFU模式，先由BOOT引导系统，打开整个磁盘写入权限；第二个步骤是在获得写权限之后通过Loader安装Cydia或其他破解程序包；第三个步骤则是退出恢复模式，使iOS系统正常引导，完成越狱。通过上述3个步骤可以看出，越狱的关键就是要成功安装Cydia软件，因为只有通过这个软件才能突破iOS系统对用户的限制，实现完美越狱。

iPad中的iOS又被称为“固件”，也就是随着机器安装的“固定的软件”，但这个“固件”是可以更新的，固件的版本也在不断地更新。早期的iPad固件可能是3.2，后来出现了3.2.1和3.2.2，再后来又出现了4.2.1，现在固件的版本则多为4.3.1和4.3.2。如果你是早期购买的iPad，也可以通过iTunes将固件版本更新到4.3.2，这就好比在2年前购买的PC上也可以安装Windows7系统一样。但是，iPad的越狱操作和固件版本是密切相关的，不同的固件版本需要采用不同的越狱软件。本章我们就以目前最为常见的4.2.1和4.3.1（包含4.3.2）两种版本的固件为例，详细讲述它们的越狱操作方法。

8.1.2 iOS 4.2.1版本的完美越狱

在决定对iPad执行越狱操作之前，必须确认自己的iPad固件版本。要查看iPad的固件版本，请按以下步骤操作：

1 轻点主屏幕上的“设置” 图标。

2 在出现的“设置”界面中轻点左侧的“通用”分类。

3 轻点右侧的第一项“关于本机”，即可查看到当前iPad的固件“版本”。在本实例中，固件版本为4.2.1。

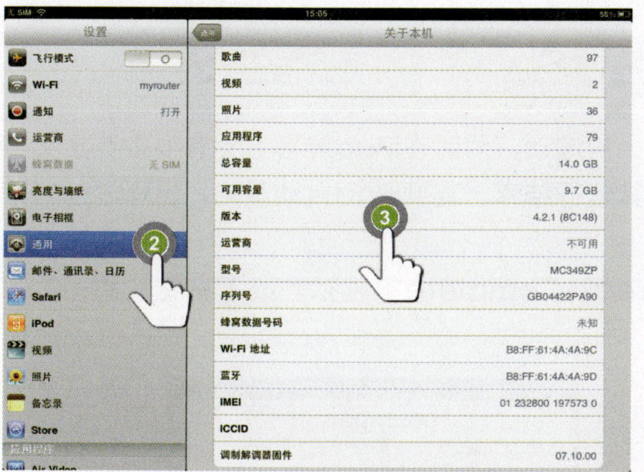

在确认自己的iPad固件版本为4.2.1之后，你可以按以下步骤实现完美越狱：

1 通过网络搜索和下载gp_win_rc6.1.zip压缩包，该压缩包中的greenpois0n.exe文件是主要的越狱破解程序。green是绿色的意思，而pois0n则是poison（毒药）拼写的变形，所以该程序又被通称为“绿毒”。

2 在解开压缩包之后，运行greenpois0n.exe可执行文件，即可看到其界面，屏幕提示用户需要先关闭设备，然后将它连接到电脑上。

3 此时用户可以长按iPad睡眠/唤醒按钮，出现提示后滑动屏幕，将其关机。然后用USB数据线将iPad连接到电脑，单击Prepare to Jailbreak（准备越狱）按钮。

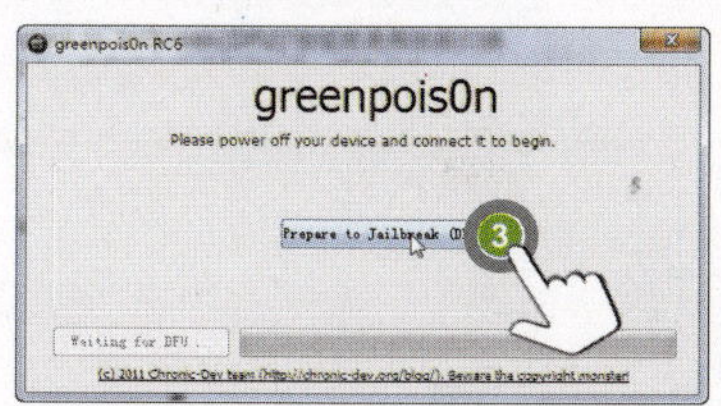

4 现在准备操作进入DFU模式。首先用户有3秒钟的准备时间，屏幕显示Get ready to start为粗体，用户可以将右手食指放在iPad睡眠/唤醒按钮位置，做好准备。

5 在3秒钟准备时间过后，屏幕以粗体显示Press and hold the sleep button（按住睡眠按键）2秒钟，你立即以右手食指照着执行即可。

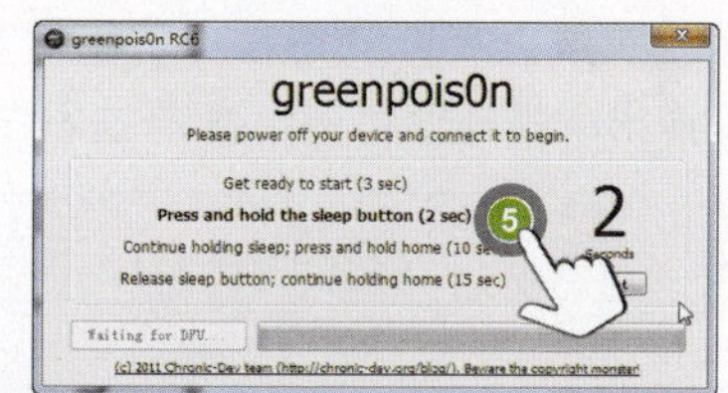

TIPS

这里的操作不是按下就松开，而是按下睡眠按键之后不撒手，保持2秒钟。

6 在2秒钟之后，屏幕将以粗体显示Continue holding sleep; press and hold home（继续按住睡眠按键，同时按住主屏幕按键），这个过程需要保持10秒钟。你可以使用左手拇指按照屏幕指示按住主屏幕按键。

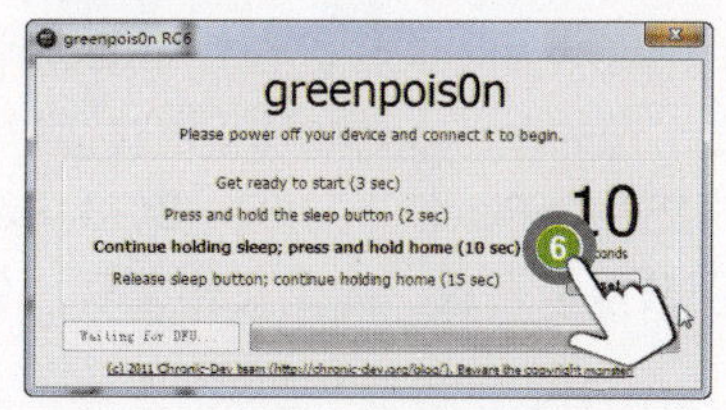

7 在同时按住睡眠/唤醒按键和主屏幕按键10秒钟之后，屏幕将以粗体显示Release sleep button; continue holding home（松开睡眠按键，继续按住主屏幕按键），这个过程需要保持15秒。遵照执行即可。

8 如果你是初次进行越狱操作，那么可能会在时间节奏上把握得不够好，造成进入DFU模式失败，那也没关系，直接单击Try Again按钮，再来一次即可。重复试验几次，肯定会成功的。

9 在成功进入DFU模式之后，即可单击Jailbreak！（越狱）按钮进行越狱。

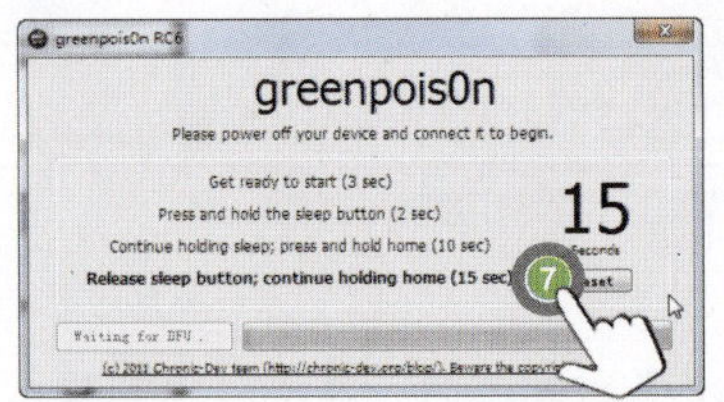

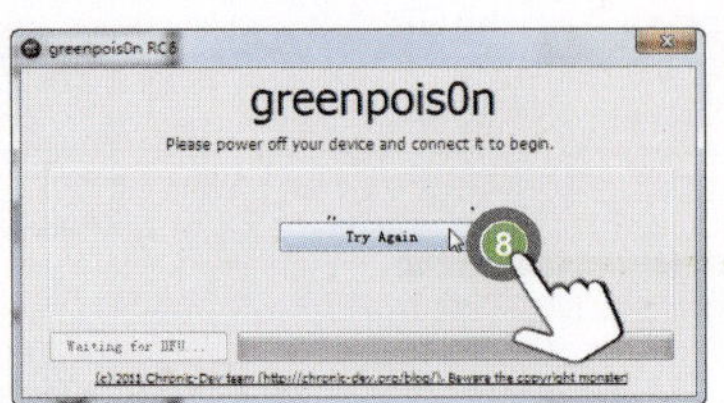

10 程序将立即自动进行越狱，你可以看到进度条的滚动，同时在iPad屏幕上会有很多英文文字滚动，此时你不需要任何操作，请耐心等待其运行结束，直到iPad自动重启，出现白色的苹果图标。

11 越狱完成之后，绿毒程序界面会显示Jailbreak Complete（越狱完成）按钮。单击Quit（退出）按钮即可退出当前应用程序。

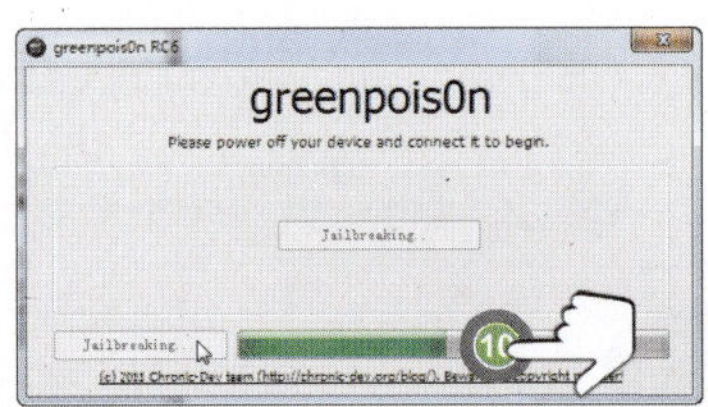

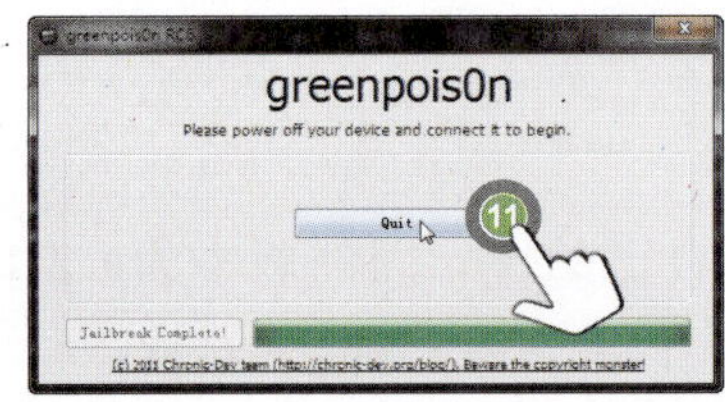

至此，越狱的第一个阶段已经顺利完成，接下来你需要做的就是安装Cydia程序和软件源，请跳转阅读本章8.1.4“安装Cydia和软件源”。

8.1.3 iOS 4.3.1版本的完美越狱

前面我们说过，对于不同版本的固件，有不同的越狱方法。如果用户查看了自己的iPad固件，确定为4.3.1版本，则可以按以下方法进行越狱操作：

1 通过网络搜索和下载redsn0w_win_0.9.6rc9.zip压缩包。在解压缩之后，运行其中的redsn0w.exe文件。在打开redsn0w 0.9.6rc9界面之后，单击Browse（浏览）按钮。

2 在出现的Browse for IPSW对话框中，选择iPad固件文件。对于4.3.1版本的iPad来说，其固件文件为iPad1,1_4.3.1_8G4_Restore.ipsw。如果你没有该文件，则可以到苹果官网或通过搜索引擎搜索下载。选定文件之后，单击“打开”按钮。

TIPS
red意思是红色，sn0w则是snow（雪）的拼写变形，所以该越狱工具又被通称为“红雪”。

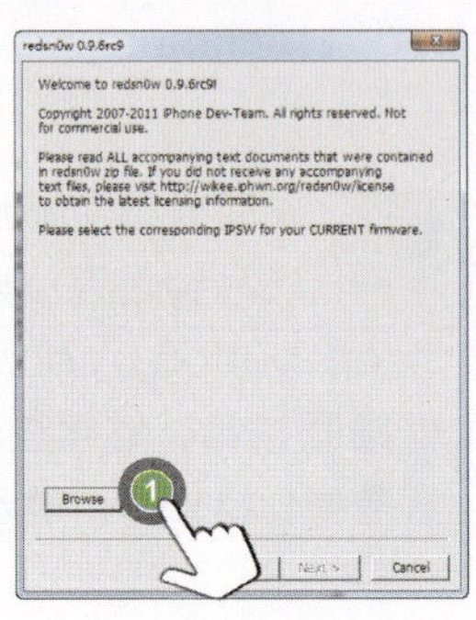

3 程序将对你选定的IPSW文件进行识别，识别成功之后即可单击Next（下一步）按钮。

TIPS

用户所下载的IPSW文件一定要对应于iPad硬件设备固件版本，如果该步骤选择的IPSW文件和iPad设备不匹配（例如使用了iPod 4.3.1版本的固件），那么虽然该步骤也能通过，但是后面的操作将无法顺利进行。所以在下载IPSW文件时一定要仔细检查，你也可以通过文件名识别。

4 在出现操作选项时，按默认的选中Install Cydia（安装Cydia软件），然后单击Next（下一步）按钮。

5 和使用绿毒越狱一样，现在你也需要关机并且将iPad连接到电脑上。根据屏幕提示信息，用户可以先将iPad连接到电脑上，然后长按iPad睡眠/唤醒按钮，直至出现红色的“移动滑块来关机”提示，关闭iPad。准备完成之后单击Next（下一步）按钮。

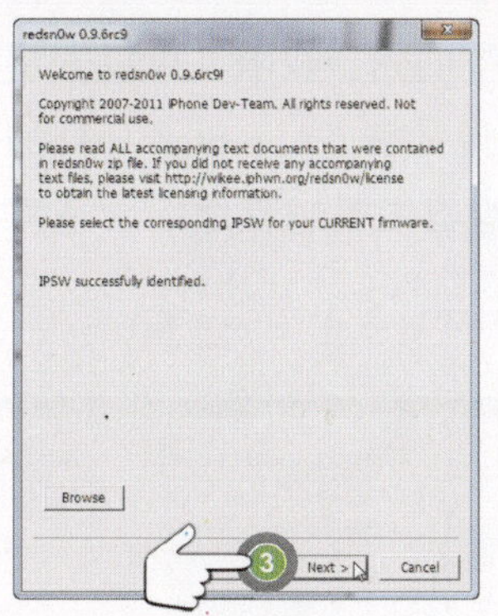

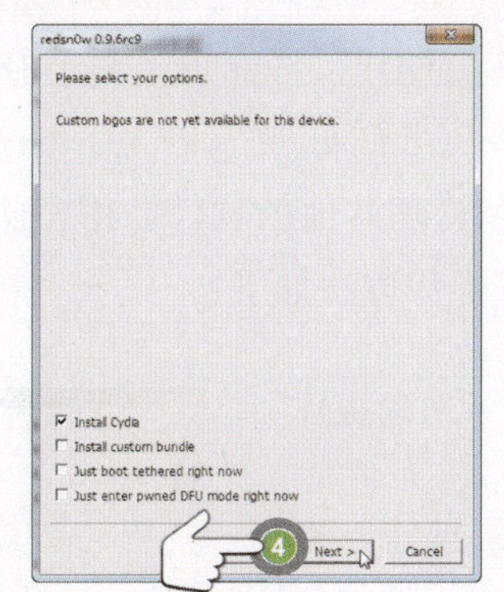

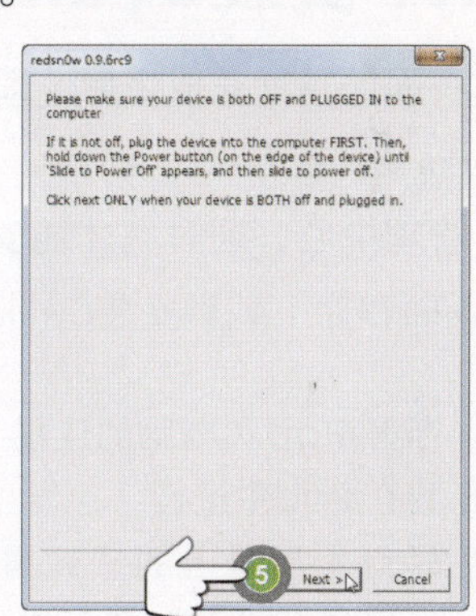

6 现在开始进入DFU模式的操作。该操作也分3个过程，和使用绿毒越狱的操作过程非常相似，屏幕上也有对应的1、2、3过程显示。首先，根据屏幕提示，你需要先按住电源键（也就是睡眠/唤醒按钮）3秒钟。

7 接下来是过程2，在按住电源键的情况下，同时按住底部的主屏幕按键，保持10秒钟。

8 现在进入过程3，你可以释放电源键，同时继续按住主屏幕按键，保持15秒钟。

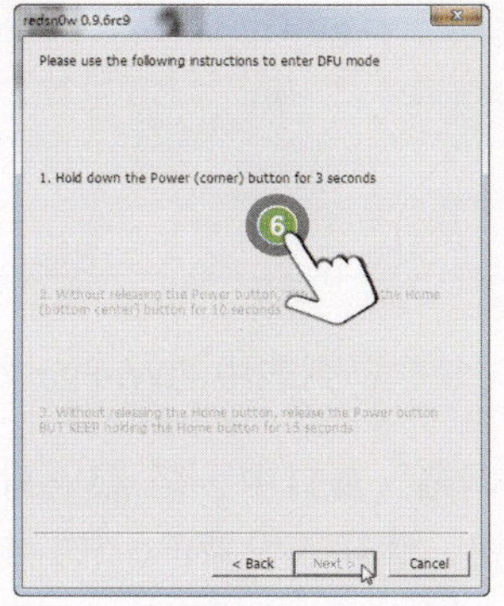

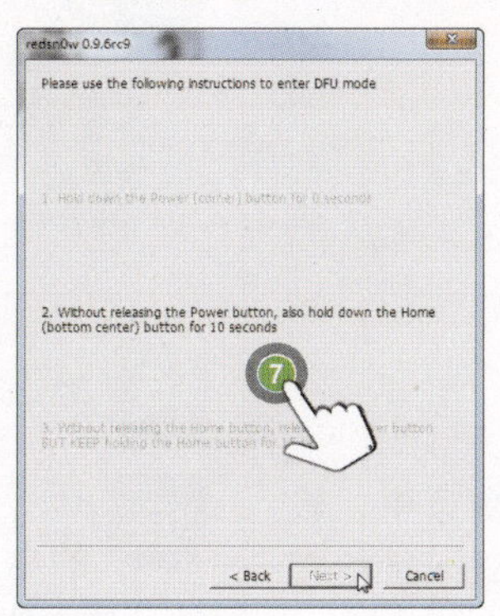

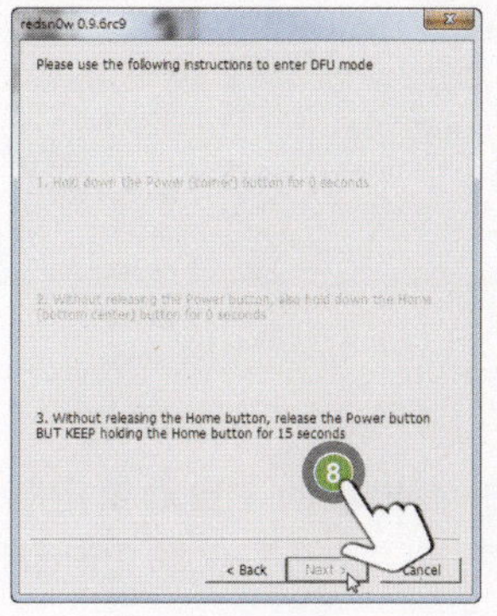

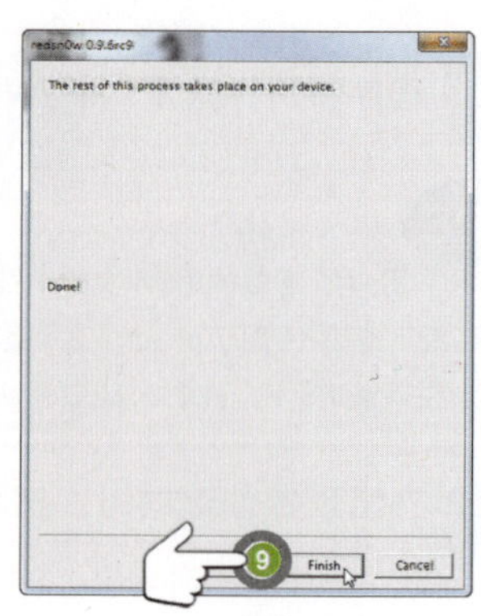

9 顺利进入DFU模式，屏幕出现Done！提示，用户可以单击Finish（完成）关闭该对话框。

至此，4.3.1固件越狱的第一个阶段已经顺利完成，接下来要做的和4.2.1固件越狱一样，就是安装和管理Cydia程序和软件源。

8.1.4 安装Cydia并添加软件源

在固件越狱完成之后，即意味着用户已经获得了对于iOS系统的完全权限，可以安装和管理Cydia或其他软件。为什么一定要安装Cydia呢？因为Cydia就好像是官方App Store那样的应用程序管理中心，通过它才能安装和管理其他的软件。用户使用绿毒工具越狱之后，还需要通过Loader程序下载和安装Cydia。其操作方法如下：

1 断开iPad和电脑的连接，接下来的操作将在iPad中进行。

2 轻点主屏幕上的"设置"按钮，在出现的"设置"界面中，轻点"通用"分类。

3 轻点右侧"通用"窗口中的"自动锁定"选项。

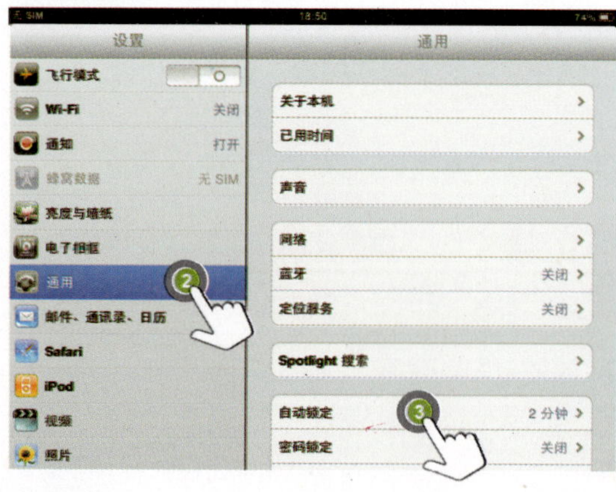

4 在出现的"自动锁定"选项窗口中，轻点"永不"，防止iPad自动进入待机锁定状态。

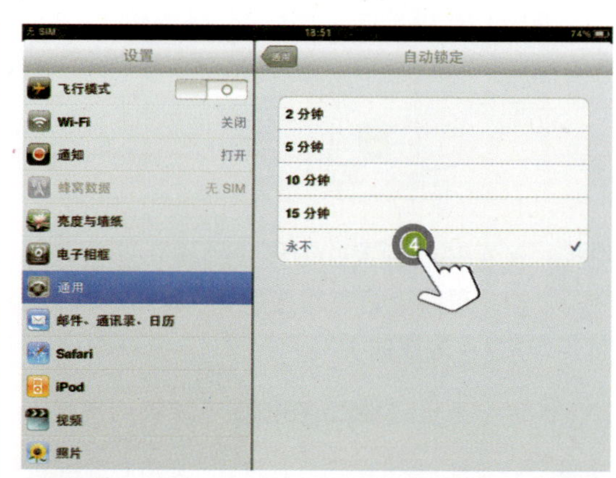

TIPS 因为Loader安装所需要的时间较长，自动锁定会导致Loader安装停止，所以有必要进行上述设置。

5 轻点左侧"设置"列表中的Wi-Fi分类。

6 在"Wi-Fi网络"窗口中，轻点Wi-Fi右面的启用按钮，选择并设置iPad的网络连接，使它能单独上网。

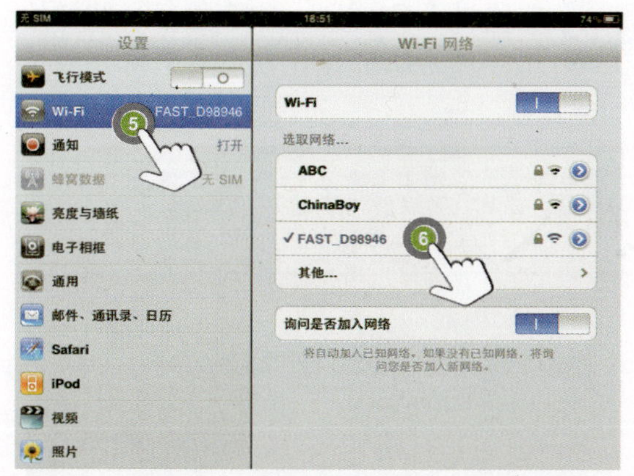

7 轻点主屏幕上的Loader图标，这个图标是在使用绿毒工具越狱之后自动添加的。

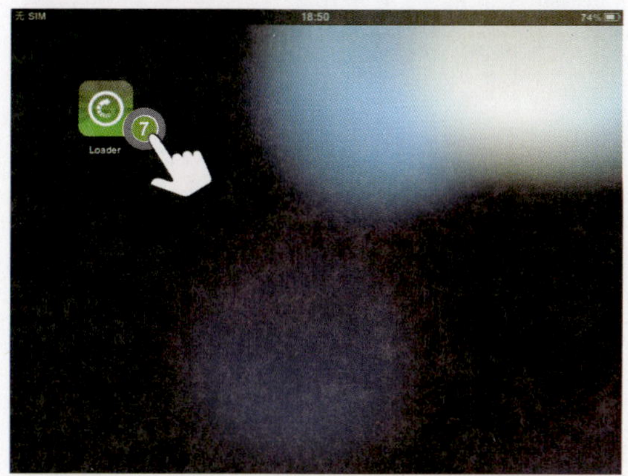

TIPS

使用红雪工具越狱之后，无需通过Loader图标安装Cydia，因为用户可以直接在主屏幕上看见Cydia的图标。

8 Loader程序启动之后，即可看见Cydia选项，轻点它即可。

9 在屏幕中央将出现Install Cydia（安装Cydia）按钮，轻点一下它。

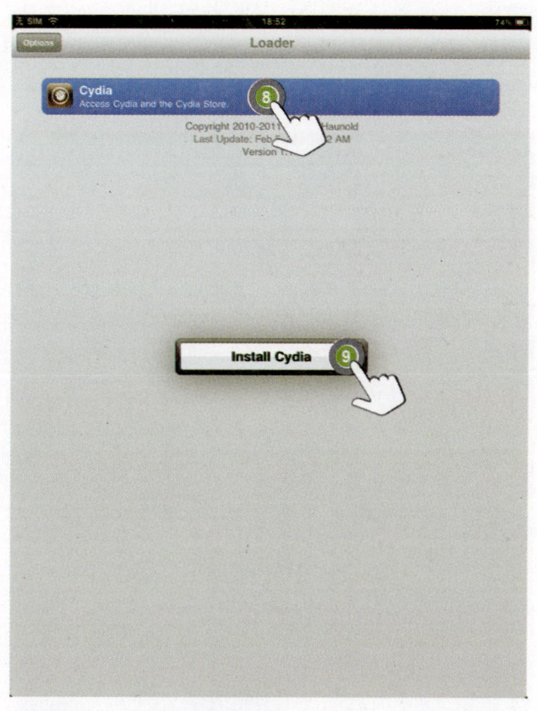

10 Loader将立即启动Cydia的在线安装过程，下载Cydia安装包，根据网络速度的不同，你可能需要等待数秒至几分钟。此过程无需你的干预。

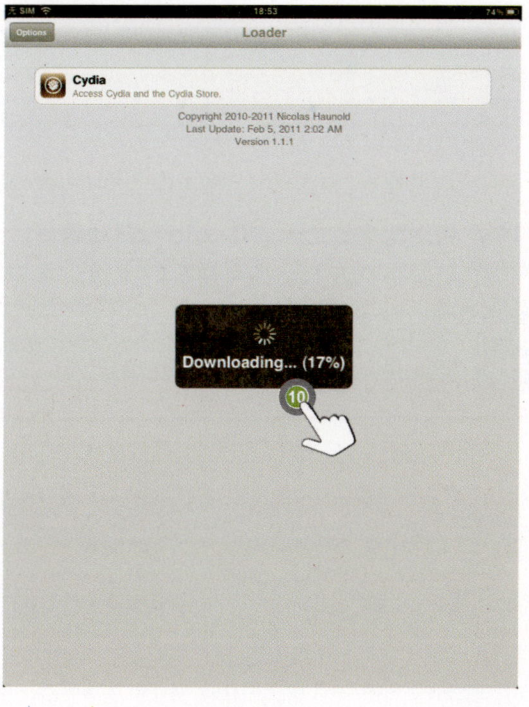

11 安装完成后，iPad会自动重启，然后你就可以在主屏幕上看到已经安装好的Cydia程序图标了。轻点该图标即可启动它。

12 首次进入Cydia，它会执行一些初始化文件系统的操作，你需要耐心等待一会儿。

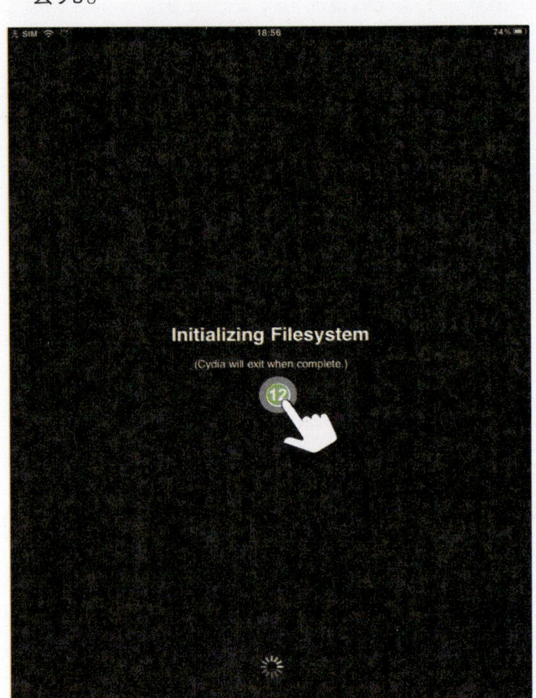

13 初始化完成之后，Cydia会自动退出，然后再次进入，询问用户的身份，可以轻点选择User（用户）。

14 轻点右上角出现的Done按钮确定。

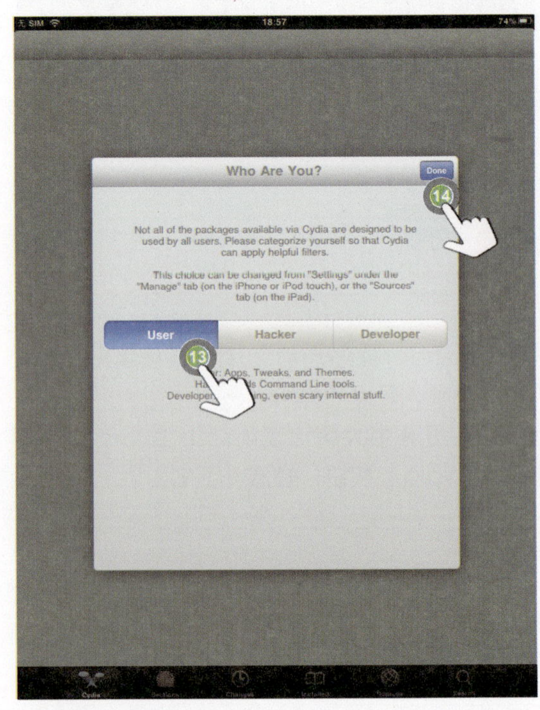

15 现在正式进入Cydia平台。如果检查到更新，它会出现一个信息提示框，要求用户做出选择：Upgrade Essential（基本更新）、Complete Upgrade（全部更新）和Ignore（忽略）。建议选择Complete Upgrade（全部更新）。

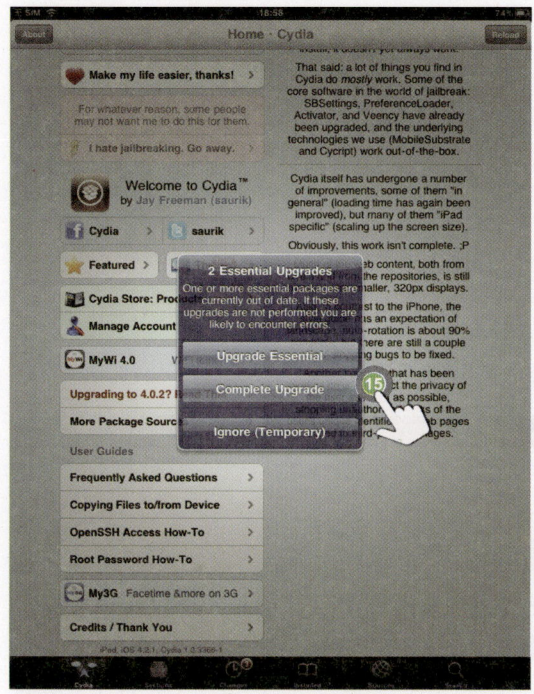

16 在出现要求确认更新的画面时，轻点右上角的Confirm（确认）按钮。

17 Cydia将立即下载并更新程序，完成之后显示一个Complete（完成）对话框。用户可以轻点底部的Reboot Device（重启设备）按钮，重新启动iPad。

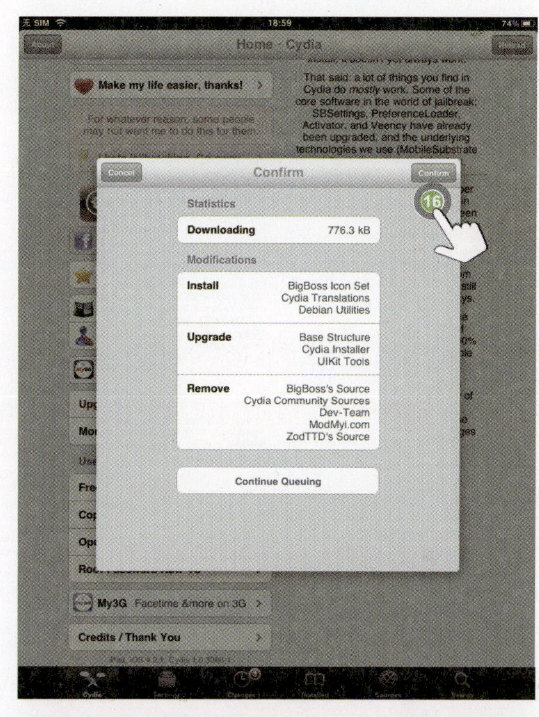

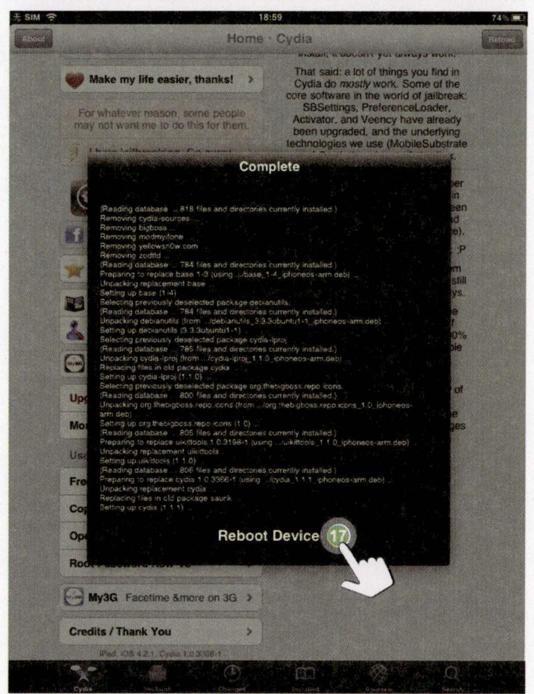

18 重启完成之后，再次轻点主屏幕上的Cydia图标，即可启动进入Cydia界面。要给Cydia添加软件源，可以轻点底部的“软件源”图标。

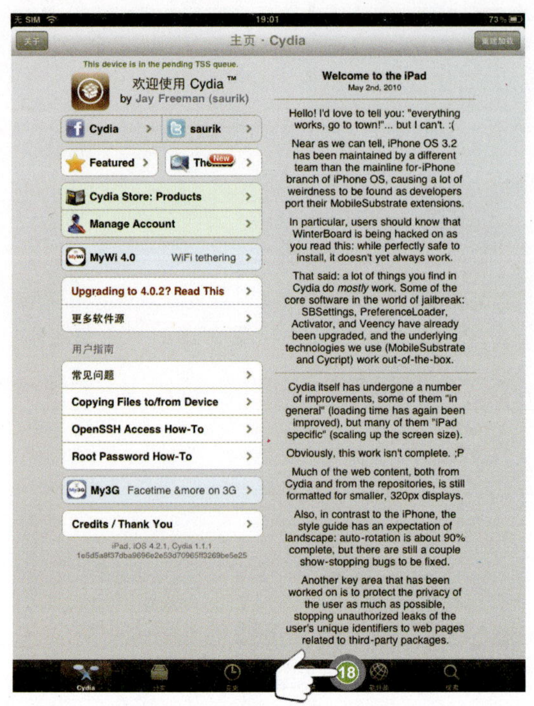

19 在出现的“软件源”界面中，轻点右上角的“编辑”按钮。

20 轻点左上角的“添加”按钮。

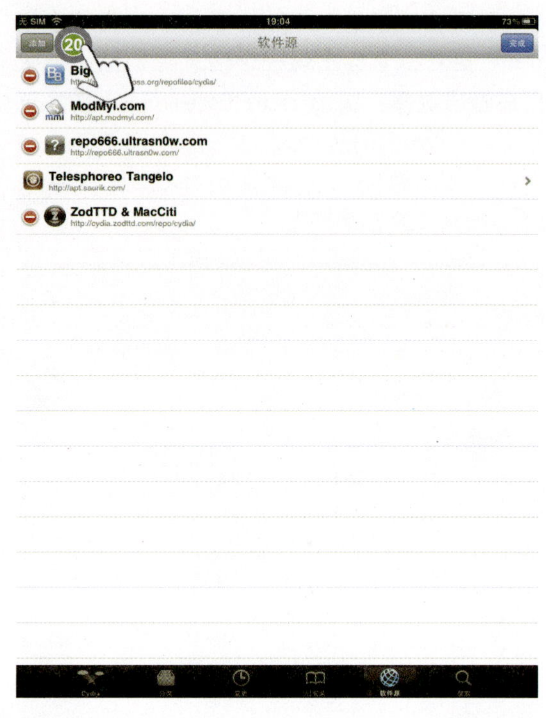

21 此时系统会弹出对话框，要求输入Cydia/APT地址，用户可以在默认的http://字符后面输入cydia.hackulo.us，然后轻点“添加源”按钮。

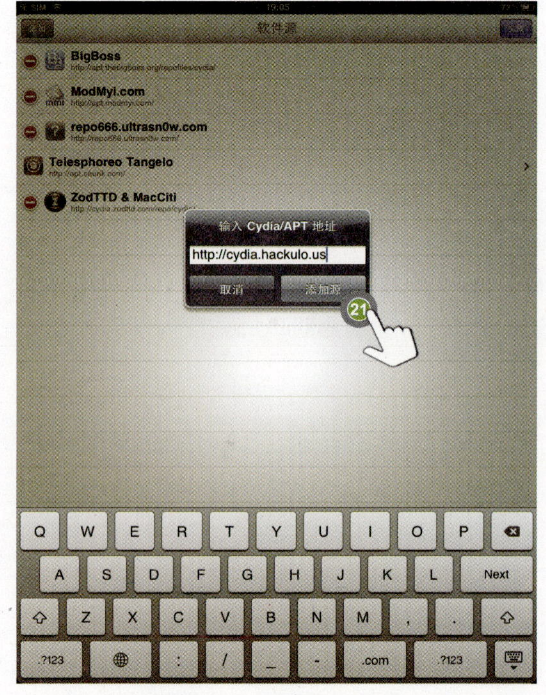

22 如果出现“软件源警告”对话框，则轻点“仍然添加”按钮即可。

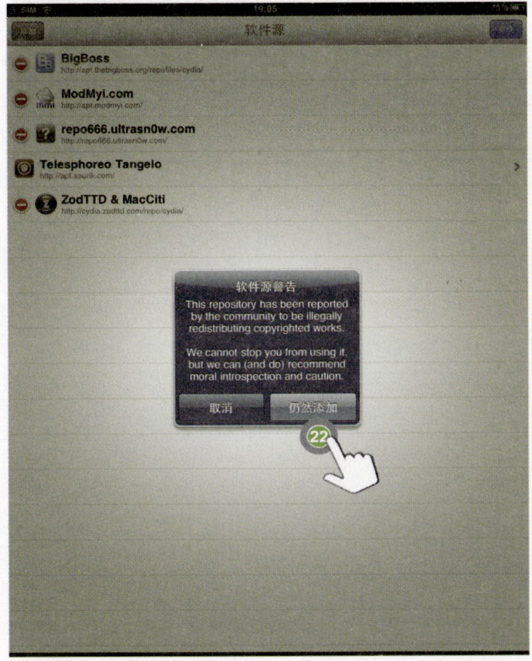

23 Cydia将立即下载软件包安装新的软件源，在完成之后，你可以轻点“回到Cydia”按钮。

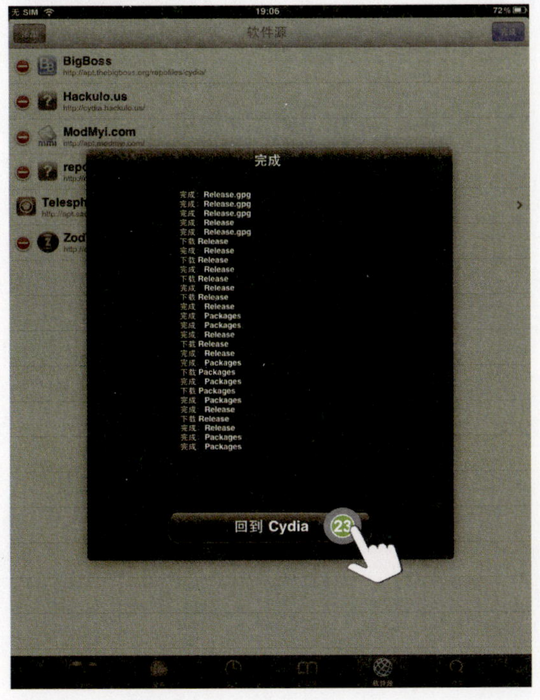

24 轻点右上角的“完成”按钮以退出软件源的编辑状态。

25 软件源列表中的第2项Hackulo.us就是新添加的软件源，现在用户可以轻点它进去，看一看里面有些什么好软件可以安装。

26 在Hackulo.us软件源窗口中，可以看到AppSync for 4.0+ 软件，这正是越狱破解所必须安装的软件之一，轻点它以查看详情。

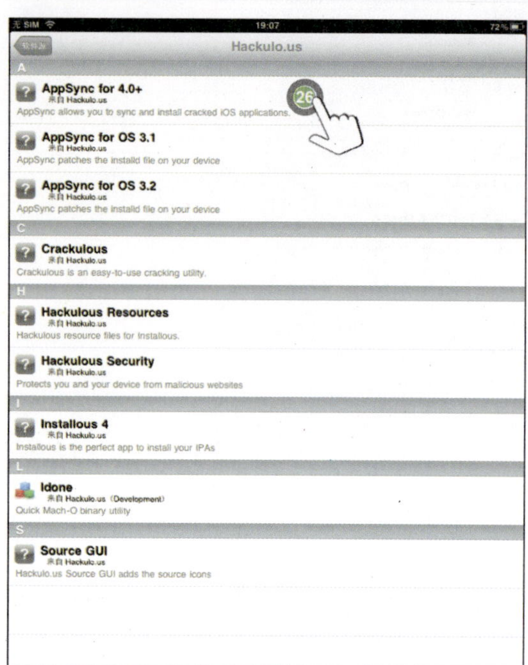

27 在出现的AppSync for 4.0+ 软件详情界面中，轻点右上角的“安装”按钮。

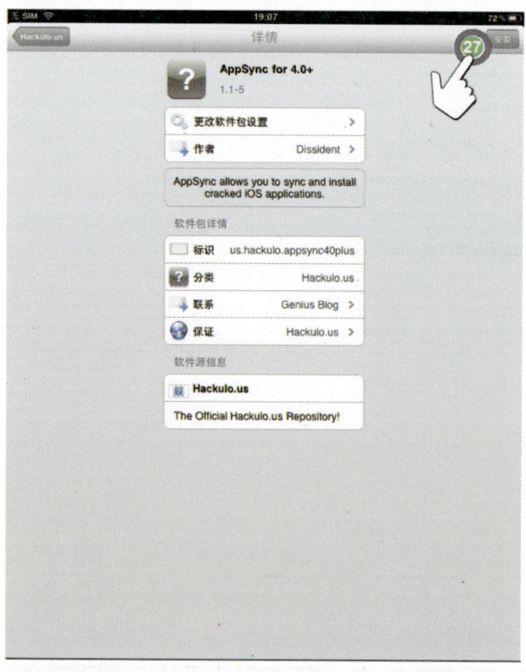

28 在出现“确认”对话框时，轻点“确认”按钮。

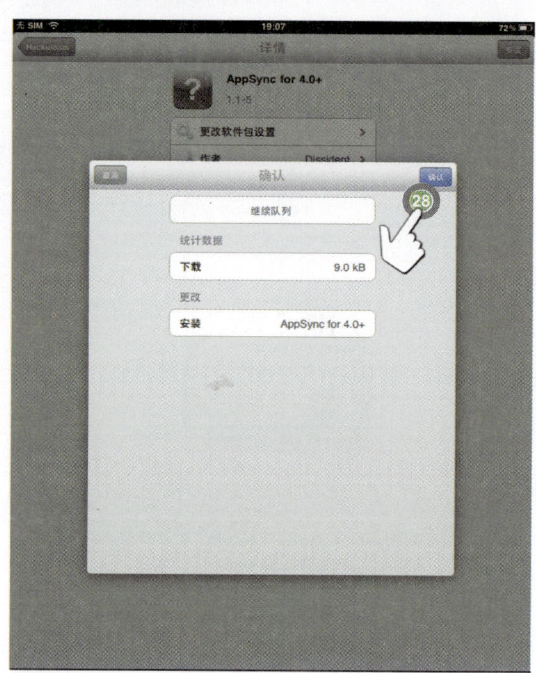

29 系统立即下载安装AppSync for 4.0+ 软件，在完成之后，你可以轻点“回到Cydia”按钮。

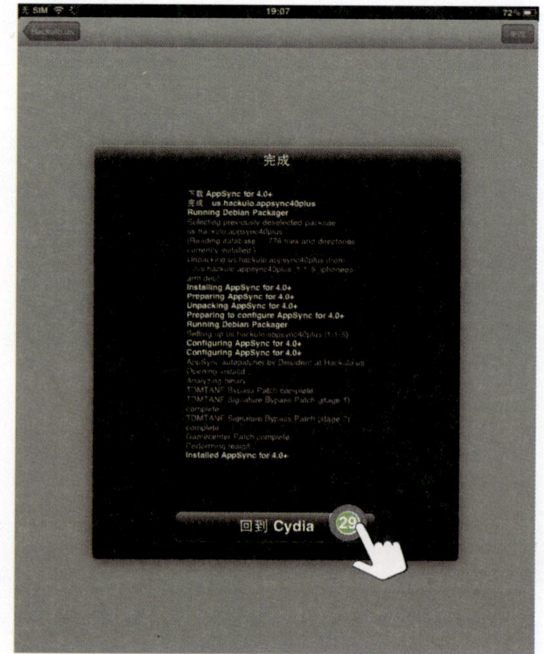

30 现在轻点左上角的Hackulo.us按钮，以返回该软件源界面。

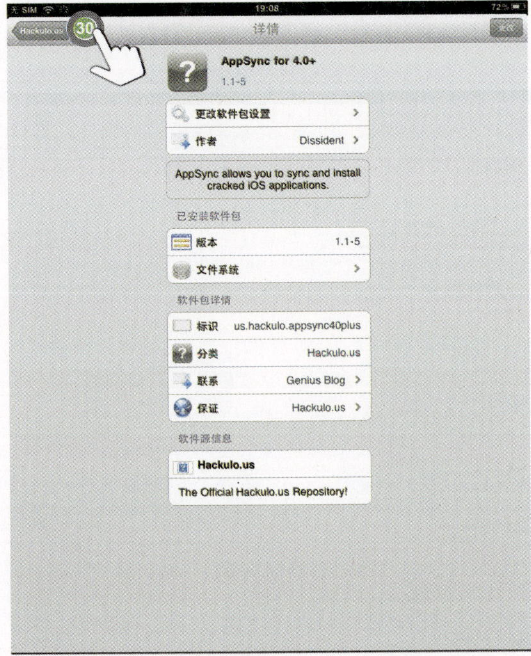

31 除了AppSync for 4.0+这个软件之外，Installous 4也是一个非常重要的软件。轻点它查看详情。

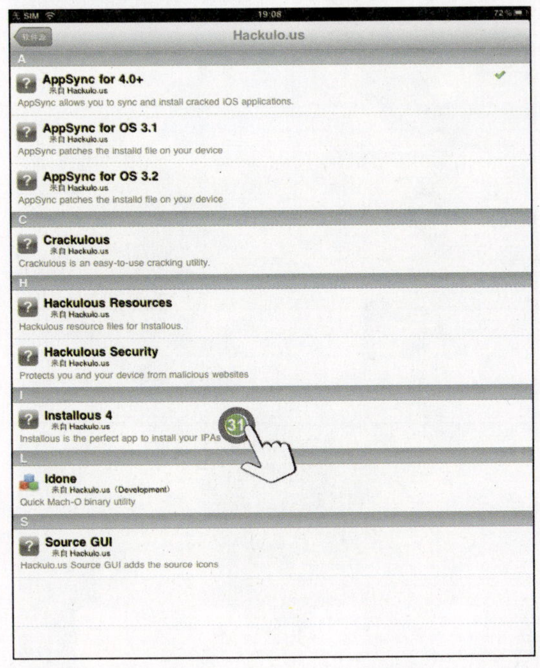

32 在Installous 4软件详情界面中，轻点右上角的“安装”按钮。

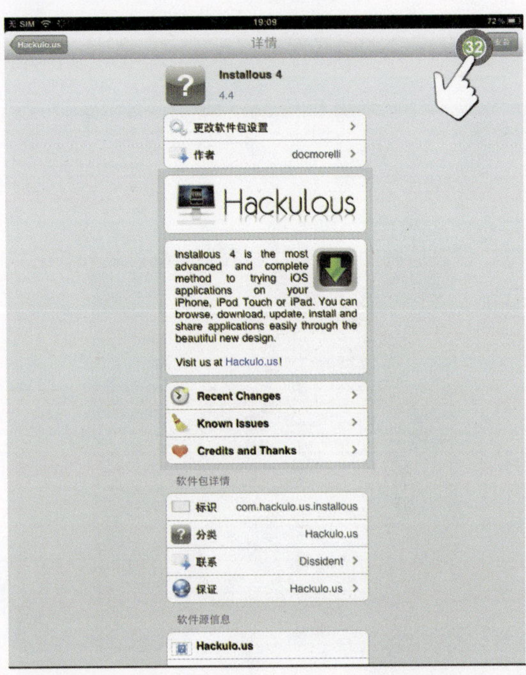

33 在出现“确认”对话框时，轻点右上角的“确认”按钮。

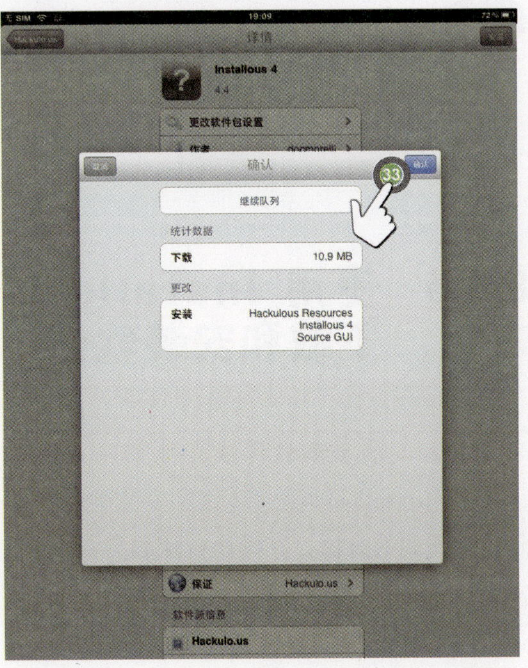

34 Installous 4软件比较大，可能需要稍微等待一会儿。安装完成之后，即可轻点“回到Cydia”按钮。

35 轻点Cydia底部的“已安装”图标，可以查看当前Cydia平台已经安装的应用程序。

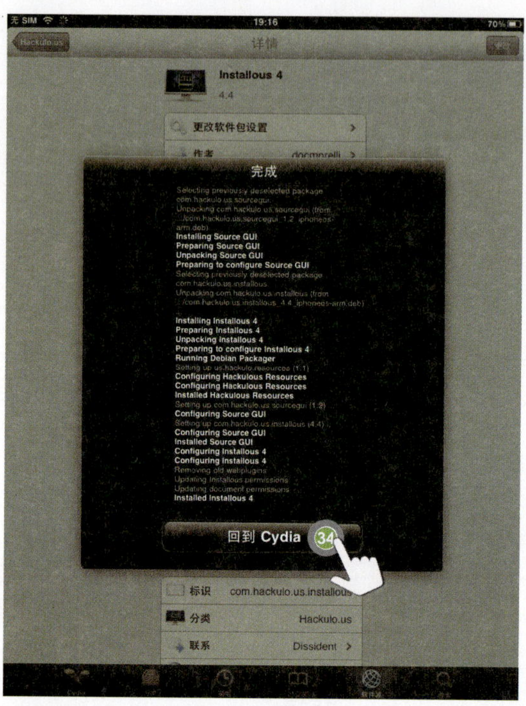

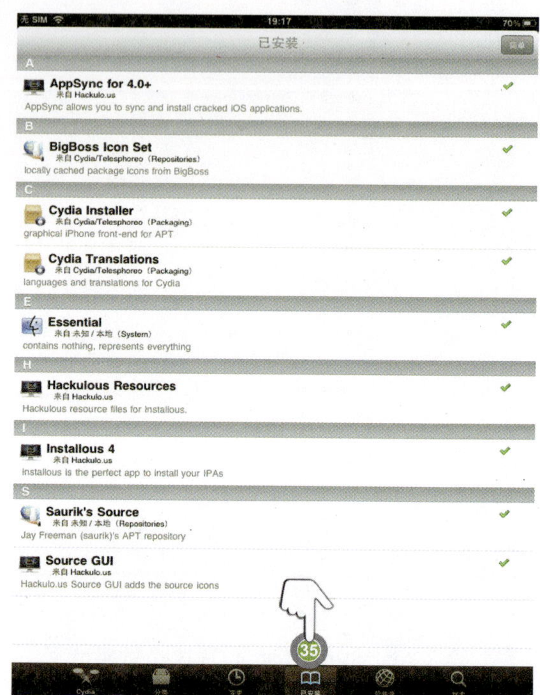

> **TIPS**
>
> 要删除“已安装”列表中的应用程序，可以轻点对应的应用程序名称。要查看Cydia软件源中的软件更新，可以轻点底部的“变更”图标。要搜索某个软件，可以轻点“搜索”图标。

8.1.5 使用 Installous 下载和安装软件

在越狱之后，用户就可以绕过App Store来下载和安装破解软件或其他第三方软件了。使用Installous 4直接下载和安装破解软件是非常便利的方法，其操作步骤如下：

1 轻点主屏幕上的Installous图标。

2 在出现的Installous界面中，你可以看到像App Store那样的应用程序分类（包括Books图书、Business商业、Education教育、Entertainment娱乐等），轻点一个你比较感兴趣的分类（例如Games游戏）。

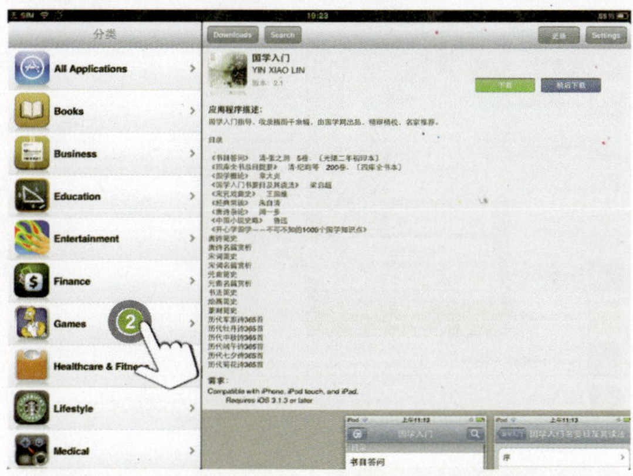

3 在打开Games（游戏）分类之后，你可以通过手指上下滚动查看自己感兴趣的游戏程序，轻点即可打开对应游戏的详情，例如Angry Birds。

4 要安装该程序，可以轻点详情页面中的“下载”按钮。

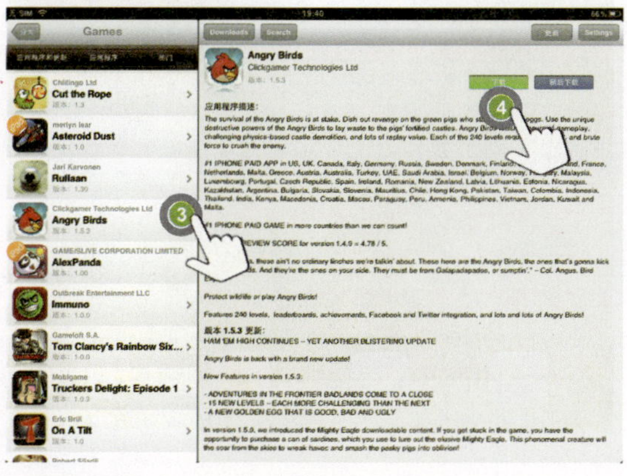

5 在打开的“下载”对话框中，用户可以选择该软件的下载来源。如果轻点第一项，则可以打开App Store，然后在官方的App Store中购买该软件。轻点其他选项，则可以进入到对应的站点下载该软件。

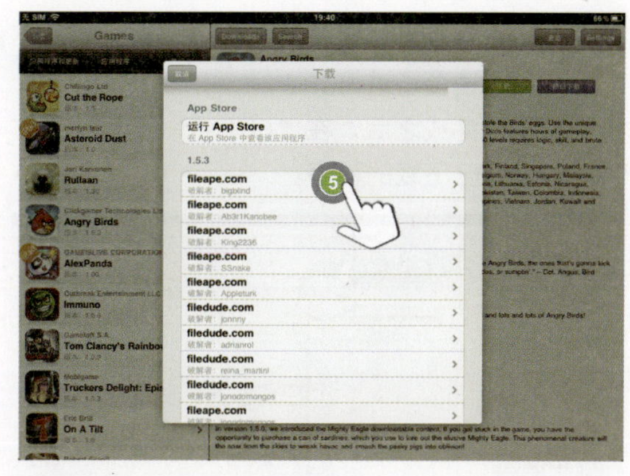

6 在选择某个fileape.com站点的下载源之后，轻点REGULAR（普通）按钮，以免费方式下载该软件。

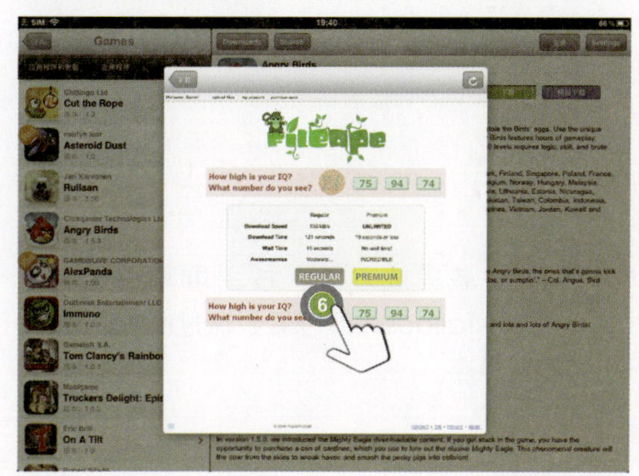

7 Regular（普通）方式需要等待15秒，才会出现下载地址链接。轻点Download ready! Click here（点击此处开始下载）。

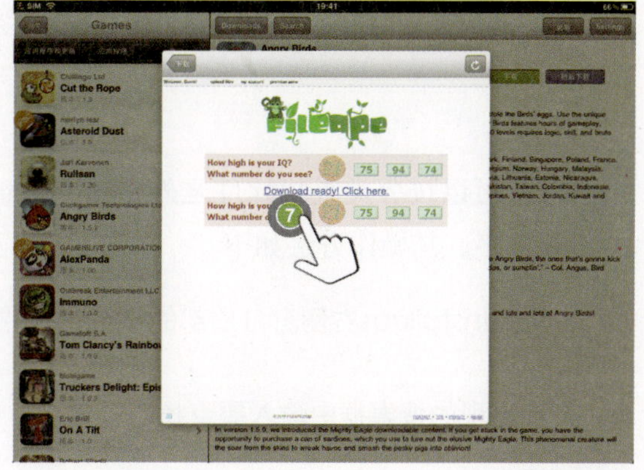

8 现在轻点右侧窗口顶部的Downloads（下载）按钮，即可打开“下载”窗口，查看到当前下载的速度和进度。

9 下载完成之后，在“已下载”项目上轻点一下，即可弹出一个菜单，轻点“安装”按钮即可安装已下载的程序。

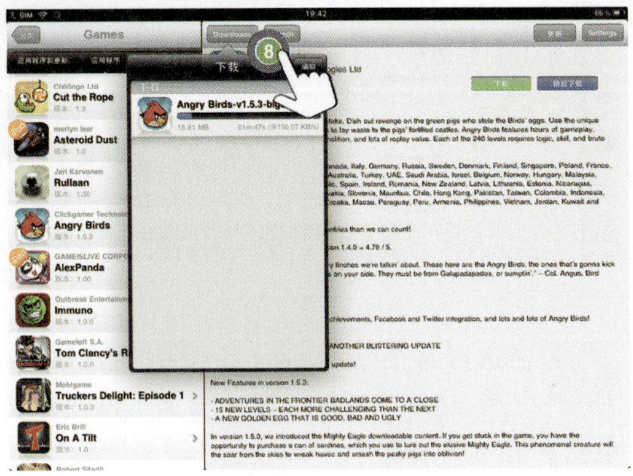

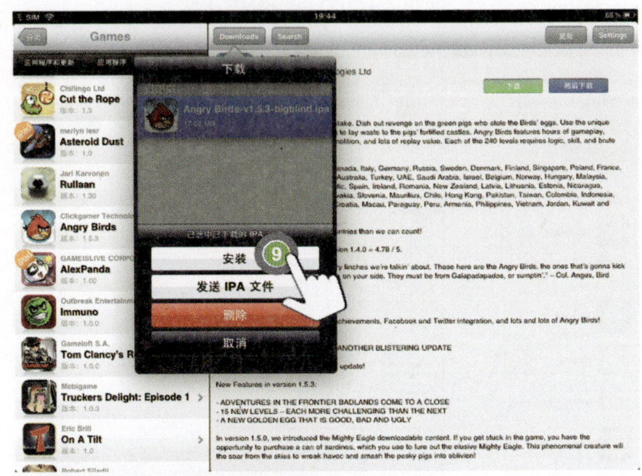

10 安装完成之后，按主屏幕按键退出Installous，即可看到通过Installous安装的新程序。

除了可以按分类查找软件之外，Installous还支持通过搜索的方式，选择和下载所感兴趣的应用程序。其操作方法如下：

1 轻点Installous右侧窗口顶部的Search（搜索）按钮。

2 在出现的搜索框中输入要查找的关键字，例如Plants。

3 在搜索结果中轻点感兴趣的内容，例如Plants vs. Zombies HD。

4 在打开的详情页面中轻点“下载”按钮。后续的下载步骤按网页提示就可以了，兹不赘述。

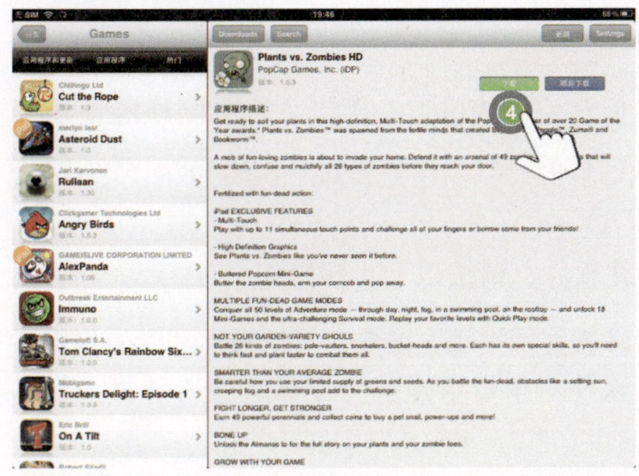

5 轻点Downloads（下载）按钮，查看“已下载”列表。如果目标软件下载已经完成，则可以轻点它，然后选择“安装”按钮。

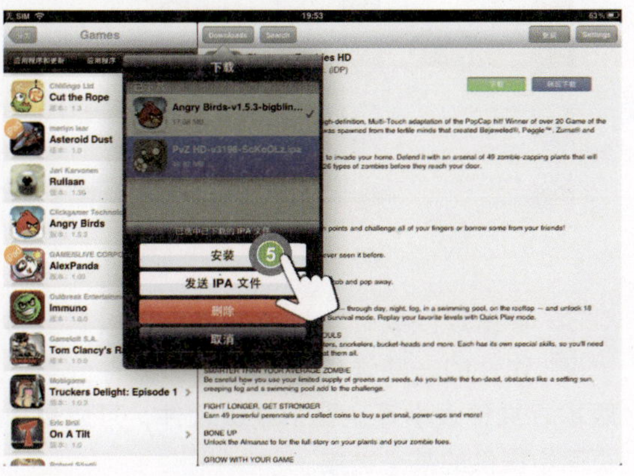

6 如果你需要在分类查找和搜索时只显示iPad软件，则可以轻点右上角的Settings（设置）按钮。

7 在出现的菜单中，轻点启用“仅显示iPad应用程序”选项。

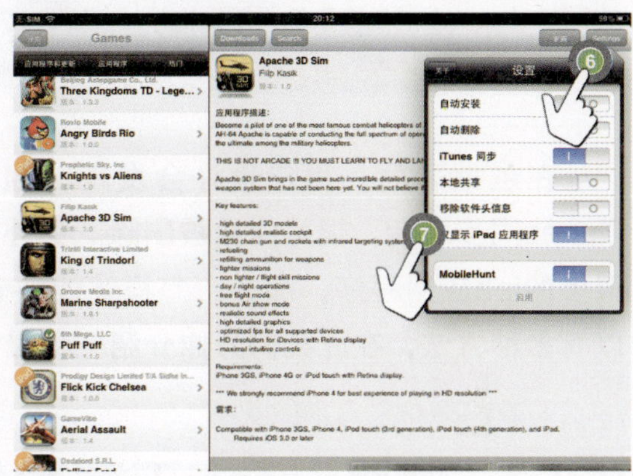

8 要删除使用Installous安装的应用程序，可以使用手指长按主屏幕上的图标，直至其左上角出现删除标记（×）。轻点即可出现删除提示信息框。这和删除其他通过App Store购买的应用程序实际上是一样的。

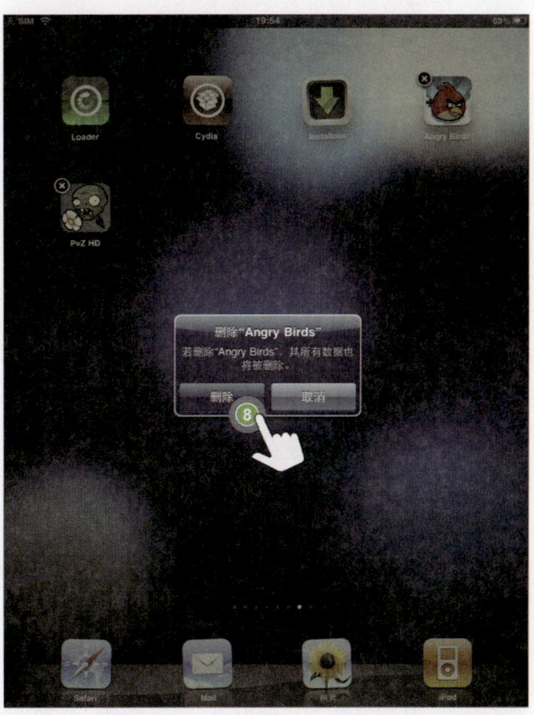

TIPS

Loader、Cydia和Installous软件是无法通过上述方法删除的。Loader可以通过它自身卸载，Installous可以通过Cydia卸载，而Cydia则只能通过恢复固件的方式来删除。

8.2 使用iTools软件

在越狱之后，用户也许会发现，通过Installous下载和安装的软件，在使用iTunes同步之后，很可能会被删除。另外，如果用户的电脑里面已经通过网络下载了很多的ipa应用程序，那么，怎样才能将它安装到iPad中呢？其实，解决上述问题可以有多种方法，在此我们为你介绍一种最简单的方案，那就是使用iTools软件。

8.2.1 使用Safari下载软件

虽然Safari是苹果操作系统的默认浏览器，但是它在Windows操作系统中同样能使用。iPad上安装的Installous实际上是一个软件源站点，它的网址是http://apptrackr.org/，必须使用Safari、Firefox等浏览器才能访问和下载。

要在电脑上使用Safari访问Installous站点并下载软件，请按以下步骤操作：

1 在浏览器地址栏中输入http://www.apple.com/safari/以访问Safari浏览器官网，下载该应用程序。

2 运行下载获得的程序包，安装Safari浏览器。如果用户的电脑上已经安装了Safari浏览器，则可以直接跳过上述步骤。

3 启动Safari浏览器，在地址栏中输入http://apptrackr.org/，这是Installous软件的官网地址，通过它可以搜索和查看到很多软件。单击选择某个你感兴趣的项目，例如Panorama4D。

4 在出现的软件详情页面中，可以看到该软件的一些详细信息，例如软件分类、版本、文件大小等。要下载该软件，可以单击页面中提供的某个链接。

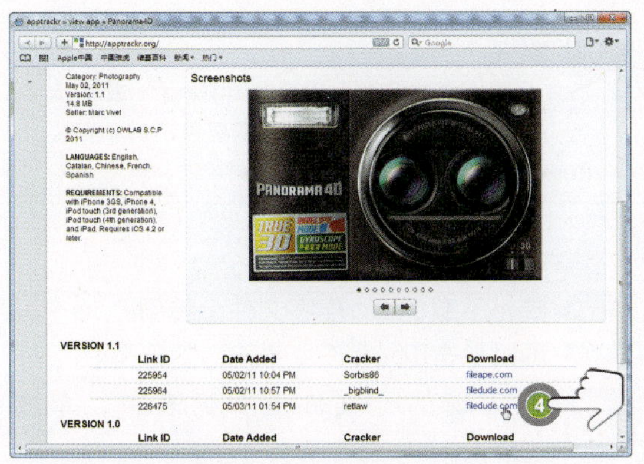

5 为了过滤不必要的虚假流量，某些站点会要求输入验证码。输入完成之后单击Download！按钮。

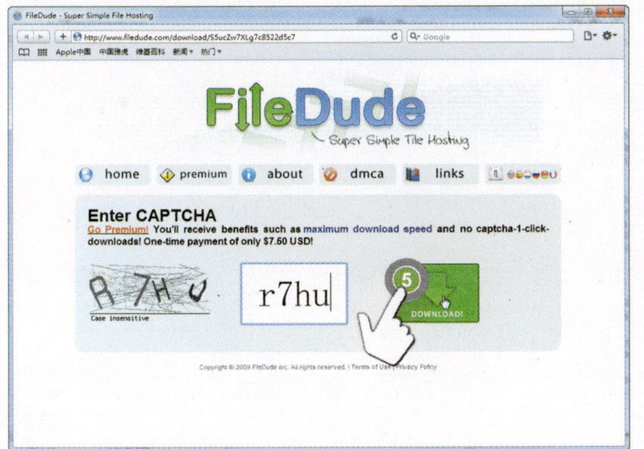

6 验证码通过之后，用户就可以获得真正的下载地址，在Download！文字链接上单击一下即可。

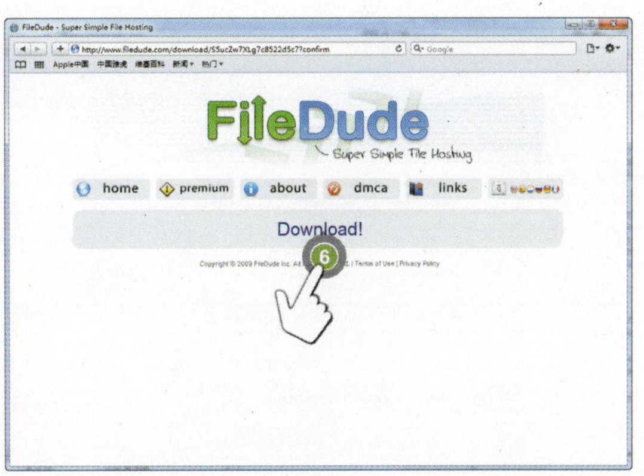

7 Safari将提示用户处理文件的方式，单击“存储”按钮即可。

8 Safari将立即开始下载文件。用户可以在打开的“下载”窗口中看到下载速度和进度等信息。

8.2.2 复制电脑文件到iPad中

iTools是一款功能强大而使用起来又极其方便的软件，它可以有效沟通iPad和电脑，双向拷贝文件，并且非常安全。例如，如果用户想将使用Safari下载的ipa程序文件复制到iPad中进行安装，请按以下步骤操作：

1 打开浏览器，选择Google搜索引擎，输入“itools下载”关键字，进行搜索。

2 单击搜索结果中的某个项目，例如“太平洋下载中心”。

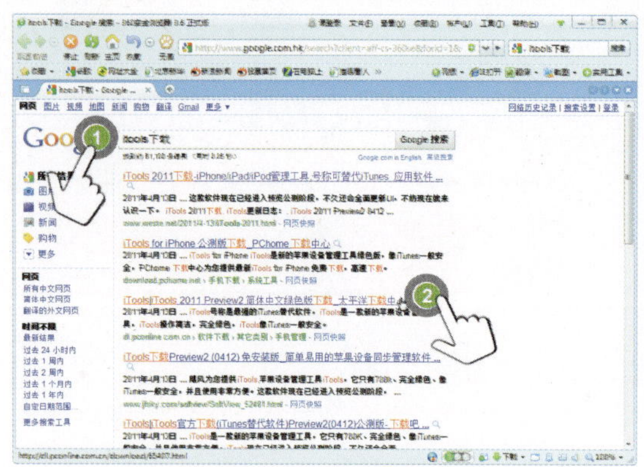

3 在打开的页面中选择iTools软件的下载链接。例如，本实例可单击“PConline本地下载”按钮。

4 在下载iTools完成之后，用户会发现它的压缩包里面只有一个可执行文件iTools.exe，解压缩之后双击即可运行。如果用户已经将iPad和电脑相连接，则iTools会自动识别出连接的硬件并显示其详情。

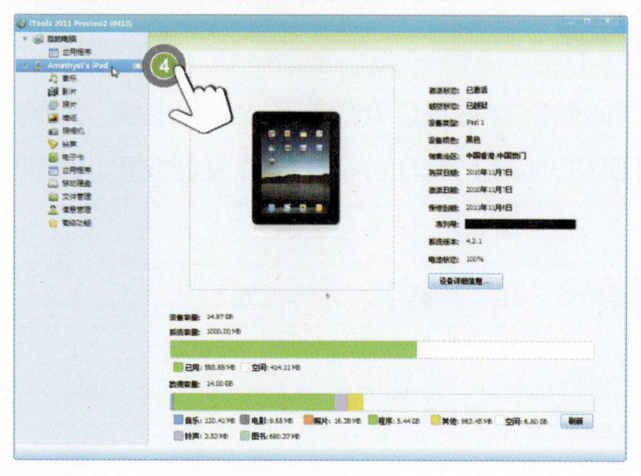

TIPS

如果在本机电脑上没有安装iTunes，那么运行iTools时可能会报错，用户需要先下载和安装iTunes程序，因为iTools是基于iTunes运行的。

5 要将下载的ipa程序文件上传到iPad中，可以单击iTools“文件管理”分类。

6 在出现的“文件夹”列表中，单击“Installous安装目录”。

7 单击“上传到设备”按钮，然后从下拉菜单中选择“文件”命令，在出现的对话框中选择要上传到iPad中的文件即可。

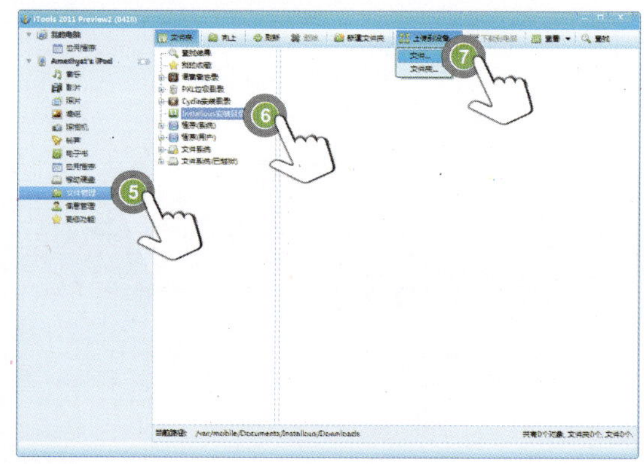

8 如果你不知道Safari浏览器下载的程序文件保存的位置，则可以在其“下载”窗口中右击已经下载完成的项目，然后在出现的快捷菜单中选择“显示包含的文件夹”命令，这样就可以打开文件所在的文件夹。

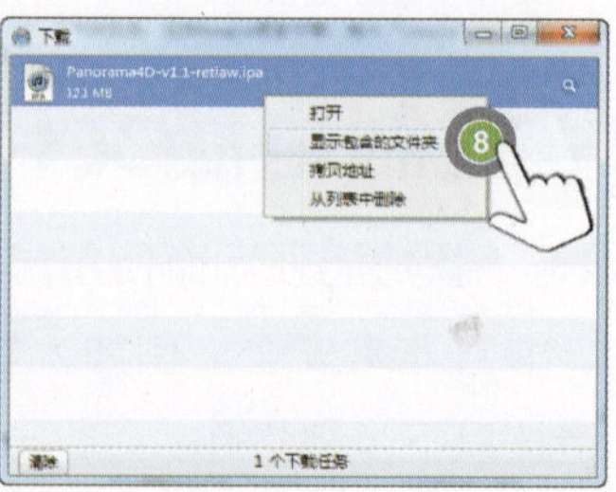

9 在打开ipa文件所在的文件夹之后，你也可以直接将ipa文件从文件夹拖动到iTools窗口中。这样操作更加简便。

10 iTools会立即将拖动的ipa文件复制到iPad的Installous程序Downloads文件夹中。选中该文件之后，你可以在窗口底部看到文件的“当前路径”信息。

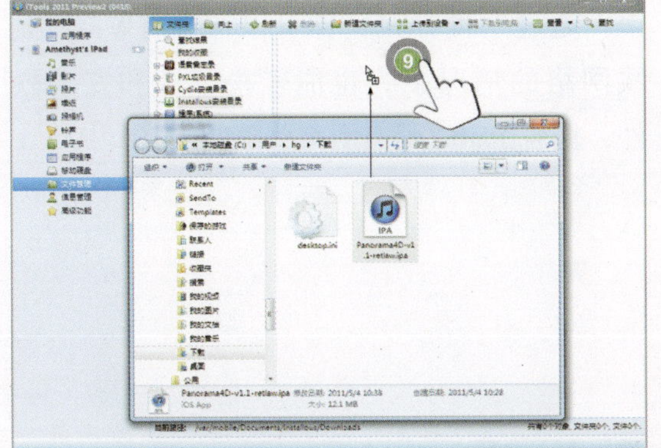

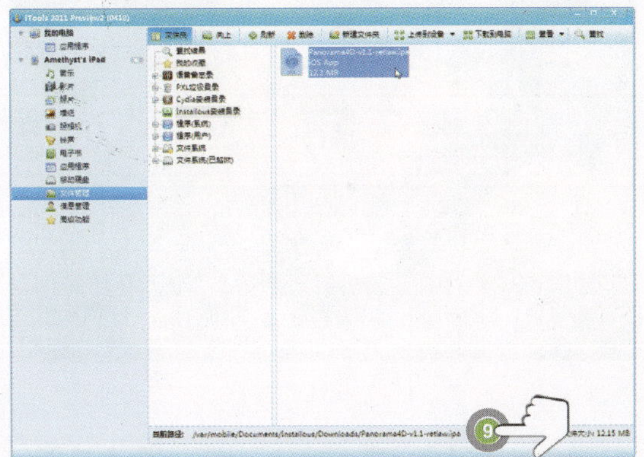

iTools除了可以上传文件到设备之外，还可以将iPad中的文件下载到电脑中，以便保存。它的更多用途，本书后面还会介绍。

8.2.3 在iPad上安装通过iTools拷贝的软件

ipa程序文件已经通过iTools复制到iPad中，那么它应该如何安装呢？这个很简单，你只需要使用Installous软件就可以了。其操作方法如下：

1 轻点主屏幕上的Installous图标。

2 在出现的Installous界面中轻点右侧窗口顶部的Downloads（下载）按钮。通过该按钮即可查看Installous安装目录的内容。

3 现在可以发现，在Downloaded（已下载）列表中的项目正是此前我们通过iTools工具上传的ipa程序文件。轻点它即可弹出一个菜单，选择Install（安装）命令即可安装该程序。

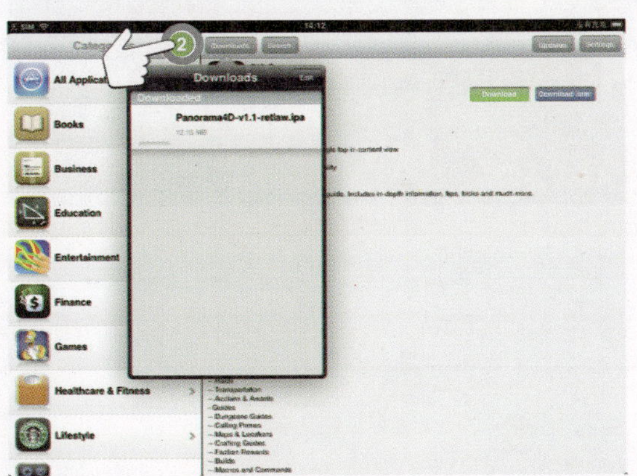

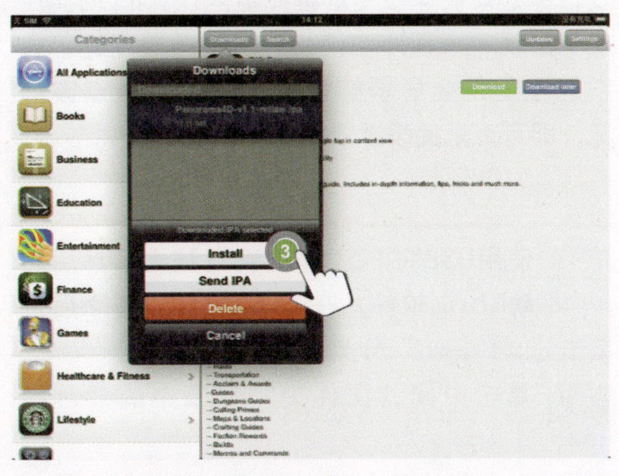

4 安装完成之后，按主屏幕键退出Installous，会发现新安装的程序图标出现在主屏幕上。

通过这种方式，你可以在没有Wi-Fi无线网络的情况下，也能轻松下载和安装软件，摆脱iPad应用上的某些限制。

8.2.4 使用iTools破解和修改游戏

iPad上的很多游戏都非常有趣好玩，但是，也有一些游戏比较困难，不容易过关。如果用户不想一遍遍被电脑“虐”，则可以考虑对游戏文件进行修改，适当调整游戏的难度。当然，如果用户是一个游戏高手或者极度厌恶修改游戏者，那么敬请跳过本节。

iTools可以在非常安全的情况下双向读写iPad中的文件，所以它是你破解和修改游戏的首选工具。本节我们就以iPad上的经典游戏Fieldrunners（坚守阵地）为例，向你介绍如何修改iPad游戏。

1 首先你需要在iPad中关闭后台运行的游戏程序。当你按主屏幕按键退出游戏时，有些游戏程序并没有真正关闭，而是在后台运行，如果再次轻点它运行，那么它会立即回到上次游戏的状态。所以，要真正关闭游戏，你必须快速按主屏幕按键两次，iPad会在底部出现一个程序切换栏，长按游戏图标，在它的左上角会显示红色删除标记，轻点该标记，即可真正关闭游戏。

2 使用USB将iPad连接到电脑上，然后启动iTools软件，在iTools找到设备之后，单击“文件管理”分类。

3 单击中间“文件夹”列表中的“程序（用户）”。

4 在右侧的用户程序文件夹列表中，找到并双击Fieldrunners文件夹。

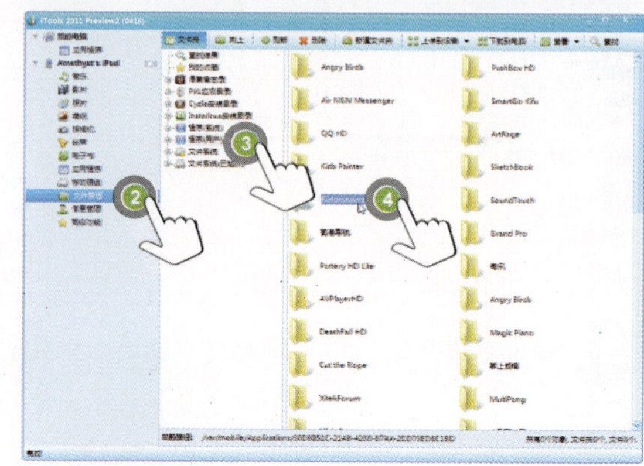

5 在Fieldrunners文件夹中，双击打开Fieldrunners.app文件夹。

6 在该文件夹中，找到unit_light_soldier.enemy文件。

7 单击“下载到电脑”按钮。

8 在出现的“浏览文件夹”对话框中，选择目标文件保存的位置，例如“桌面”，然后单击“确定”按钮。

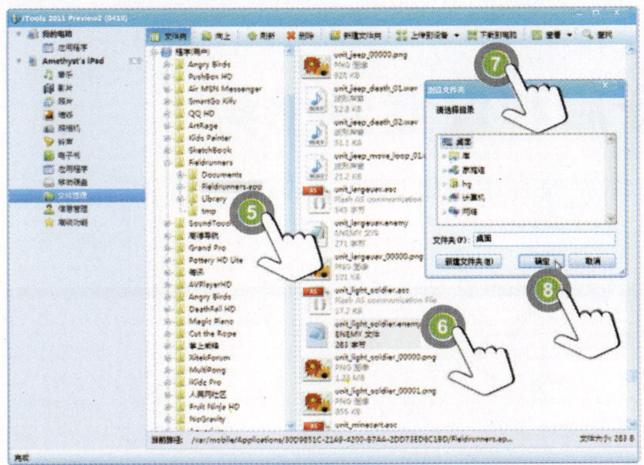

9 现在找到桌面上的unit_light_soldier.enemy文件，使用文本编辑器（例如记事本程序）打开，这是游戏中红小兵的配置文件，用户可以看到speed、score、resources等参数。其中，resources就是红小兵被打倒之后掉落的金钱数。原来的值是1，可以修改为2，这样你在游戏初期就能多获得一些金钱，从而可以迅速增购那些高价值的炮塔，降低游戏难度。

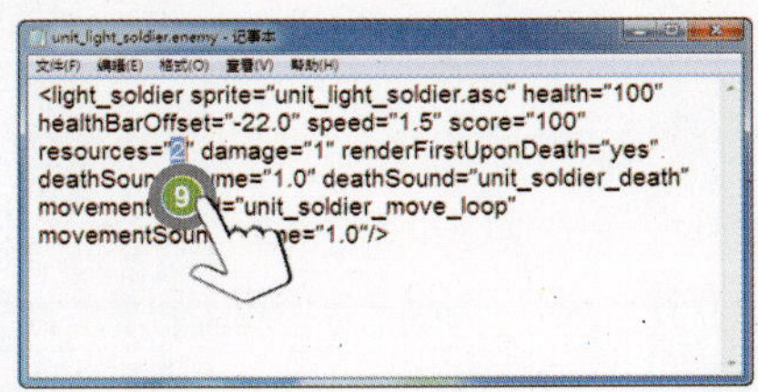

TIPS

如果用户想要获得更高的游戏积分，则可以修改score参数，或者大幅增加金钱，不过，游戏改得太离谱，就容易失去游戏的乐趣了。

10 修改完成之后，按Ctrl+S保存文件，然后关闭编辑窗口，切换回iTools界面，单击“上传到设备”按钮。

11 选择上传文件，也就是桌面上新修改的unit_light_soldier.enemy，然后单击“打开”按钮，以替换原来的同名文件。

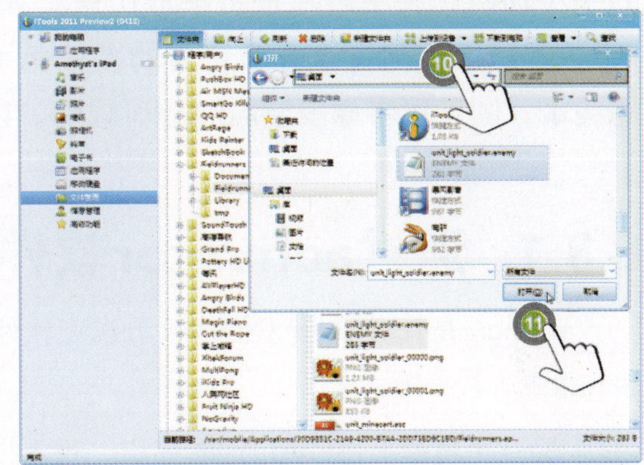

12 现在转到iPad上，轻点Fieldrunners图标进入游戏，用户会发现打倒一个红小兵之后，获得的钱数是2而不是1。这种程度的修改相对而言，游戏难度降低了，但是游戏的乐趣并没有减少。

TIPS

用户也可以直接在iPad上通过Cydia安装iFile软件，然后使用iFile软件来修改游戏文件。

8.3 开启iPad手势功能

iPad的主屏幕按键是一个非常重要的按键，很多操作都需要它去完成，但是，它的使用频率过高，会不会造成损坏呢？如果你也有这种担心的话，那么不妨开启iPad的手势功能，将主屏幕按键解放出来。如果你的iPad是1代的产品并且iOS更新到了4.3版本以上，则可以开启自带的多任务手势功能。如果你的iOS仍然是4.2.1或更低的版本，则可以考虑安装Activator软件，以开启和设置多手势功能。

8.3.1 通过activator软件开启和设置多手势

Activator是针对iOS开发的多手势设置软件，你需要在iPad越狱之后通过Cydia安装。其安装和设置方法如下：

1. 轻点主屏幕上的Cydia 图标，进入Cydia平台界面，然后轻点底部的“搜索”图标。
2. 在搜索框中输入Activator作为关键字，然后在出现的搜索结果中轻点第一项。
3. 在打开Activator软件详情界面之后，轻点右上角的“安装”按钮。
4. 在出现“确认”对话框时轻点右上角的“确认”按钮。

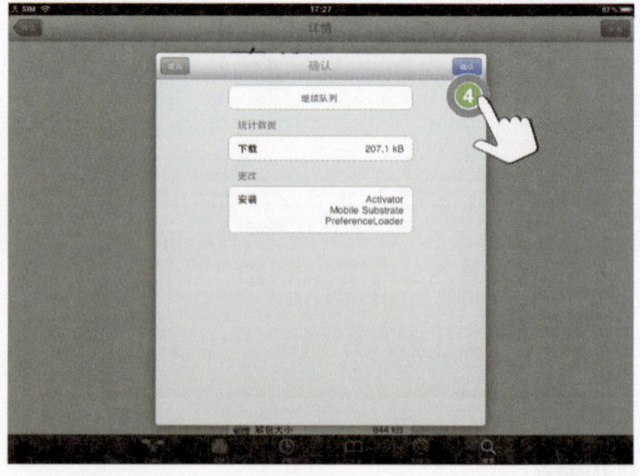

5. 这个软件较小，所以很快就可以完成。轻点“重启设备”按钮重新启动iPad。

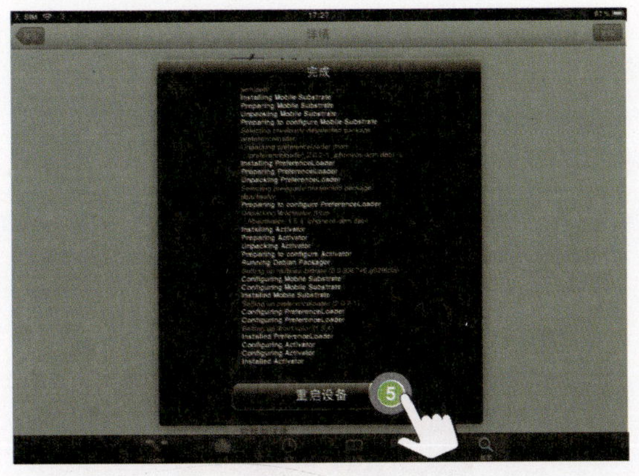

6 重新启动系统之后，轻点主屏幕上的“设置” 图标。

7 在“设置”列表中，用户会发现多了一个Extensions（扩展）分类，里面就包含Activator选项，轻点它即可在右侧打开“Activator配置”窗口。

8 轻点“任何地方”选项。

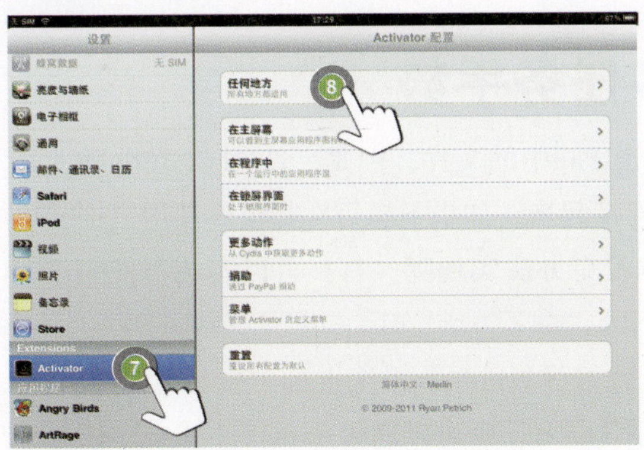

TIPS

Activator配置分“任何地方”、“在主屏幕”、“在程序中”和“在锁屏界面”等。如果用户只是为了保护主屏幕按键，那么仅设置“任何地方”就足够了，因为它涵盖了“在主屏幕”、“在程序中”和“在锁屏界面”设置。

9 在打开的“任何地方”选项窗口中，用户可以查看到iPad的各种操作，并且将这些操作指定给对应的命令。例如，可以轻点“顶部状态栏”下面的“按住”操作。

10 在出现的“按住”界面中，轻点“系统动作”列表中的“主屏幕按钮”。这意味着，如果按住iPad顶部的状态栏，那么就和按一下主屏幕按钮的效果是一样的。

11 指定了“按住”顶部状态栏的系统动作之后，轻点“任何地方”返回，然后轻点“顶部状态栏”下面的“双击”操作。

12 在出现的"双击"界面中，轻点"系统动作"列表中的"拍摄屏幕快照"。也就是说，今后抓拍屏幕时，不必再按主屏幕按键+睡眠/唤醒按键，而只要快速轻点顶部状态栏两次就可以了。

13 Activator的设置即时生效，现在用户只要按住顶部状态栏就可以退出"设置"屏幕了，等于按下了一次主屏幕按键。用户也可以运行一下其他程序（例如"新浪新闻"），然后在顶部状态栏上双击，就可以快速抓屏；要退出该程序，按住顶部状态栏即可。

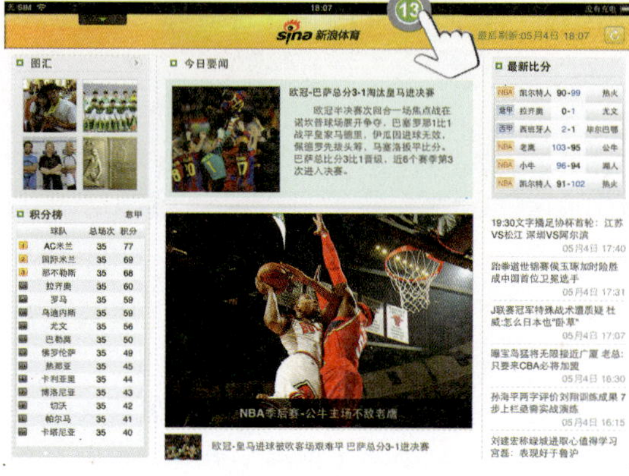

TIPS

有些程序（例如游戏）在启动之后会以全屏幕方式运行，这时可能看不到顶部状态栏，用户可以设置"在程序中"的Activator配置，以特定动作取代主屏幕按键。

8.3.2 通过iFile软件开启多任务手势

前面我们介绍过，使用iTools可以查看和编辑iPad中的文件，但是，iTools是在电脑上运行的，用户需要使用USB连接线先将iPad和电脑连接起来，如果不想每次都很麻烦地去连接电脑，而是直接在iPad上查看和编辑文件，那么有没有办法实现呢？有！可以安装和使用iFile软件。

iFile是运行在iOS系统上的文件管理软件，就好像Windows系统上的"资源管理器"一样。如果用户的iPad已经越狱，并且固件版本在4.3以上，则可以通过iFile软件开启多任务手势，其操作方法如下：

1 轻点主屏幕上的Cydia 图标，进入Cydia平台，然后轻点底部的"搜索"图标。

2 在搜索框中输入iFile作为关键字，在出现的搜索结果中轻点第2项：iFile（来自BigBoss）。

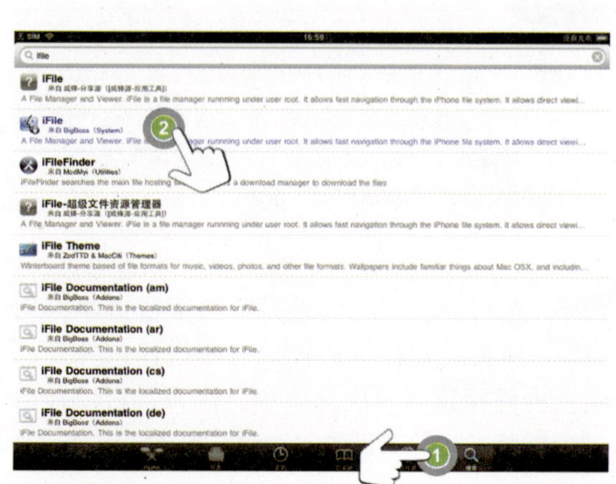

3 在出现的iFile详情页面中，轻点右上角的“安装”按钮。

4 安装完成之后，轻点“回到Cydia”按钮。

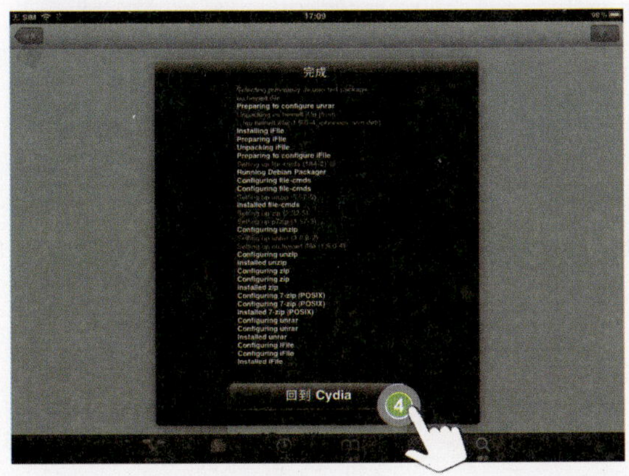

5 按主屏幕键退出Cydia，然后轻点主屏幕上的iFile图标 以进入iFile文件管理程序。

6 在打开的iFile界面中，轻点左侧的“磁盘”，访问iPad磁盘根目录。

7 依次轻点右侧窗口中的Applications文件夹，进入之后再轻点打开Preferences.app文件夹，找到General.plist文件，轻点该文件。

8 在出现的菜单中选择“文本编辑器”。

9 打开General.plist文件之后，轻点左上角的编辑按钮。将文本中的两个“Mutlitasking”单词拼写错误修改为正确的拼法“Multitasking”，也就是删除在字母“Mu”后面的一个多余的“t”字符。

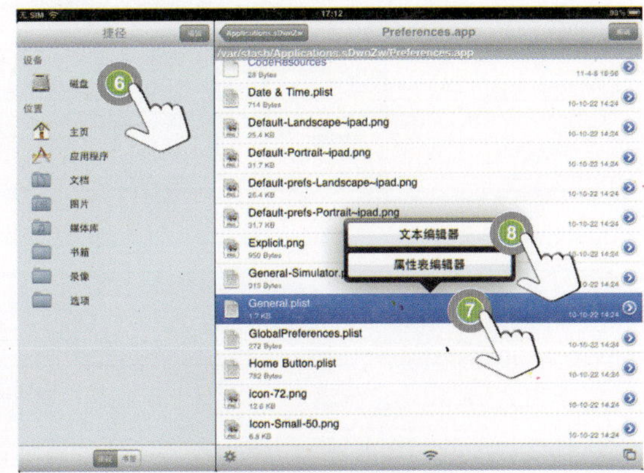

10 轻点“存储”按钮保存修改。按主屏幕按键退出iFile，然后轻点主屏幕上的“设置” 图标，在出现的“设置”界面中轻点“通用”分类。

11 此时在右边的“通用”选项中将出现“多任务手势”选项，轻点即可开启。现在，只要使用4个手指在屏幕上捏合就可以回到主屏幕，而不必按主屏幕按钮了。

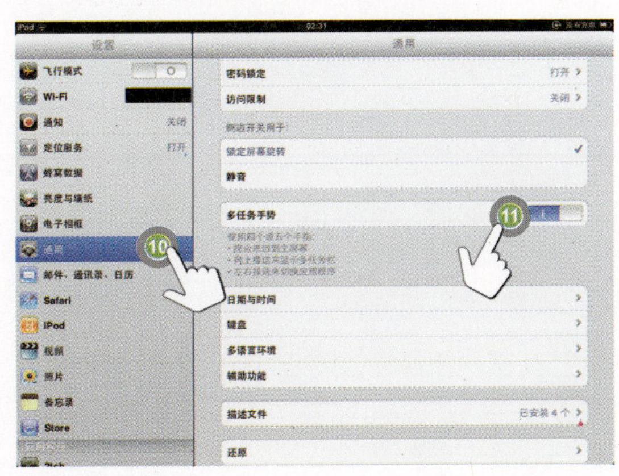

读书笔记

第9章

使用iPad看书

使用iBooks在iPad上阅读可以说是一种享受，它至少具有3大优点，一是屏幕显示效果好，不容易产生视觉疲劳；二是存储容量大，可以收藏海量图书，三是可阅读时间超长，让你看得过瘾。

9.1 网罗阅读资源

在使用iPad阅读之前，用户需要获取图书。可用的图书来源包括：一、直接访问网络，打开图书阅读网页。例如，很多即时更新的在线小说就可以通过这种方式阅读；二、通过iTunes购买和下载。在iTunes Store中有专门的“书籍”分类，用户可以使用iPad或电脑访问iTunes Store，以选择购买自己感兴趣的书籍。三、自己制作或从网络下载PDF文档或epub格式的书籍。iPad支持阅读PDF、epub格式的电子书，用户可以在电脑中制作这种格式的文档，然后将它同步到iPad中阅读。

9.1.1 使用iTunes同步图书资料

如果用户拥有很多学习资料，想把它们都转移到iPad上阅读，则可以考虑先制作成PDF或epub文档，然后再复制到iPad上。当然，也可以通过网络搜索和下载已有的PDF和epub资源，然后同步到iPad中进行阅读。

要复制电脑上的PDF和epub文档，可以执行以下操作：

1 在iTunes中单击左侧“资料库”窗口中的“图书”分类。

2 在Windows“资源管理器”中选定要复制的PDF文档，将它直接拖到iTunes右侧“图书”窗口中。

3 新添加的PDF文档将立即以图书的形式显示在窗口中。

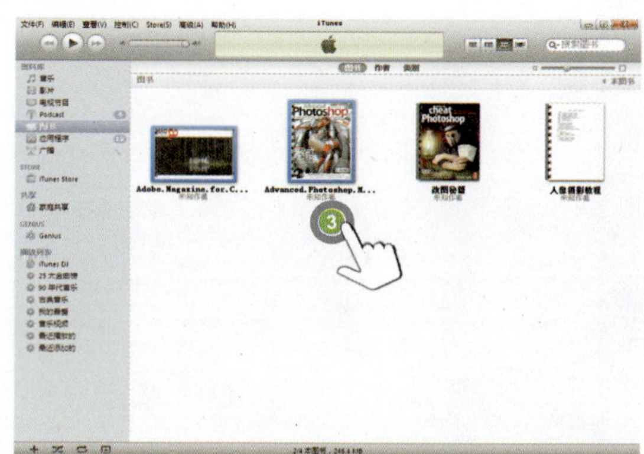

4 将iPad连接到电脑并同步书籍。

9.1.2 使用iTools复制文件到iPad

如果你的iPad已经破解，那么使用iTunes同步图书资料可能会影响到iPad上已有的程序。要在不启动iTunes的情况下将图书资料复制到iPad中，可以使用iTools软件。其操作方法如下：

1. 使用USB连接线将iPad连接到电脑上。启动iTools软件，在识别到设备之后单击“电子书”分类。
2. 单击“导入”按钮，导入PDF或epub文件。或者也可以在Windows“资源管理器”中选定要复制的PDF文档，将它直接拖到电子书窗口中。
3. iTools会立即将选定的文件复制到iPad中。用户在iPad中轻点iBooks 图标，即可在书库列表中看到新复制的图书。

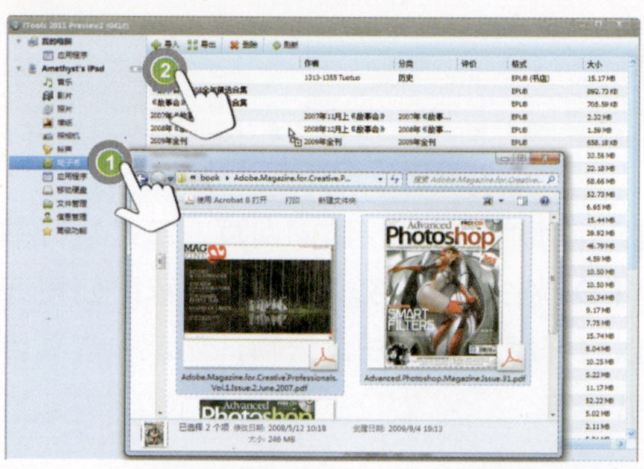

9.1.3 在iBooks书店中购买和下载书籍

epub和pdf格式的文档都需要通过iBooks应用程序打开才能在iPad上阅读。在已经连接网络的情况下，使用iBooks也可以直接访问iTunes Store书店，以购买和下载图书。其操作方法如下：

1. 轻点主屏幕上的iBooks 图标。
2. 在打开iBooks界面之后，轻点“书店”按钮。
3. iBooks“书店”打开之后，默认打开的是“精品聚焦”，该分类里面的图书都是英文名著，要查看中文书籍，可以滚动到页面底部，然后轻点“中文”。

4 现在你可以看到很多中文名著或小说。轻点书名旁边的“免费”按钮即可下载阅读。

9.2 使用iBooks阅读图书

iPad可以按3种方式阅读图书，一是通过Safari浏览器直接访问网页，二是运行书籍程序，三是通过iBooks等程序阅读epub和PDF格式的图书。iBooks是苹果公司开发的免费阅读程序，使用iBooks阅读程序可以打开书库中的任意读物，显示和查看目录、设置字体和字号、搜索图书内容和添加书签等。

9.2.1 阅读和查看图书目录

在复制或下载了图书资料之后，用户就可以在iBooks中打开和阅读了。通常人们都习惯先看一看图书的目录，iBooks自然也提供了这方面的功能。要使用iBooks阅读图书，请按以下步骤操作：

1 轻点主屏幕上的iBooks 图标。

2 在出现的iBooks界面中，轻点书架中的某一本书，例如《故事会》。

3 在打开图书阅读界面之后，轻点顶部工具栏“书库”右面的目录按钮（在被轻点之后，它会变成“续读”按钮），即可打开当前图书的目录页。

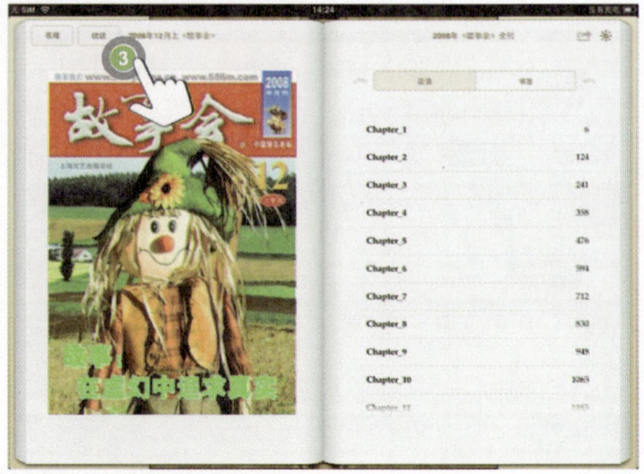

TIPS

如果在阅读时没有出现工具栏，则可以在图书任意位置轻点一下，以显示工具栏。再次轻点可以隐藏工具栏。

9.2.2 添加和使用书签

书签是常用的阅读标记功能。当用户阅读到某个章节或页面需要休息时，或者对某部分内容非常感兴趣时，都可以添加一个书签，以便下次继续阅读。要添加和使用书签，请按以下步骤操作：

1. 在阅读过程中，如果用户想要标记当前页面，则可以轻点右上角的书签按钮，该按钮将会立即盖上一个红色的书签标记。
2. 要查看当前图书已经设置的标签，则可以轻点顶部工具栏“书库”右侧的目录按钮。
3. 轻点右侧的“书签”，即可查看到当前图书设置的书签。
4. 轻点某个书签，即可跳转到对应的页面。

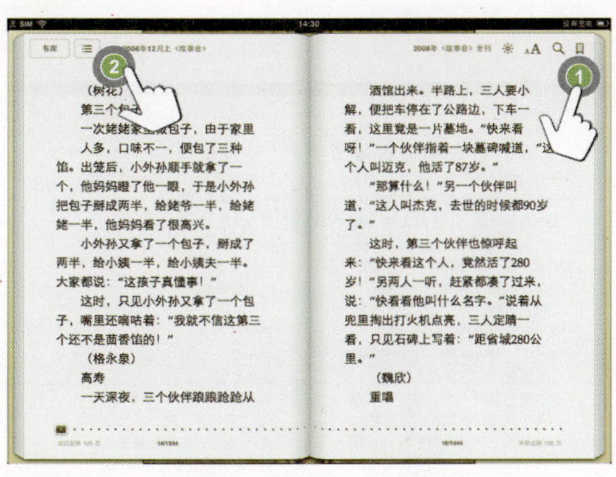

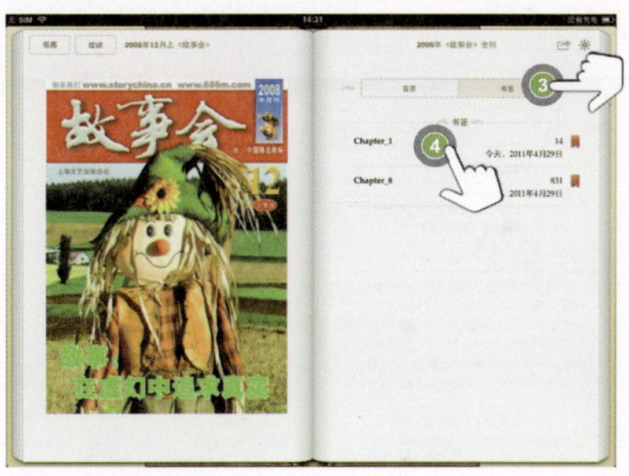

9.2.3 翻页

iPad翻页设计了相当惊艳的动画效果，足以媲美现实中的翻书，号称复制了现实阅读的完美体验。其操作方法如下：

1. 要逐页翻书，可以使用手指点住页面边角，然后向中间移动，这样就能看到和现实翻页一样的翻书效果。
2. 要快速切换页面，可以轻点底部工具栏中的页面按钮，然后左右移动，系统将显示页码位置，手指抬起即可打开该页。

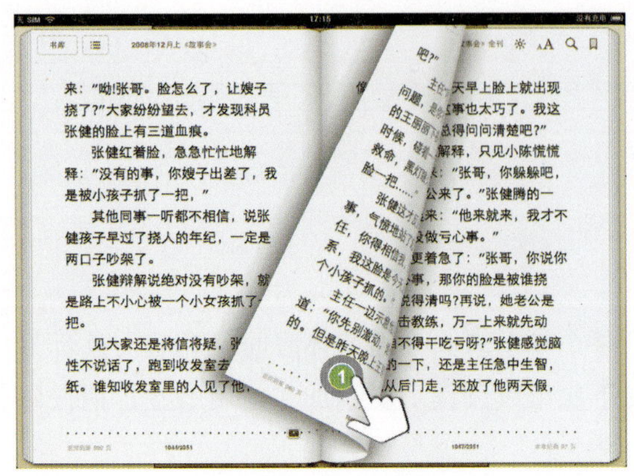

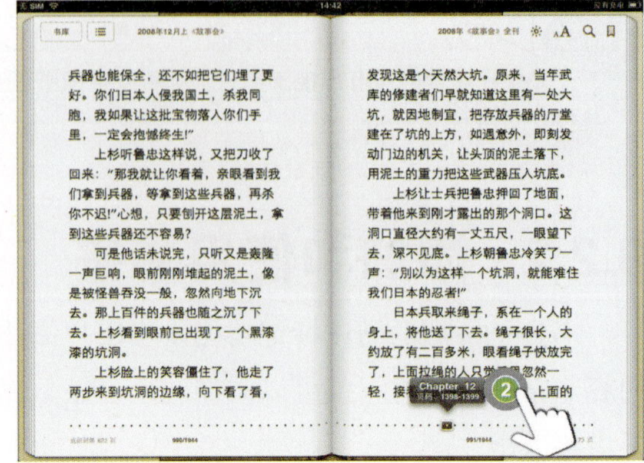

9.2.4 设置阅读字体和字号

iBooks支持字体和字号的显示修改。不过，对于中文而言，可以变化的字体有限，而且外观变化也不大。要修改字体和字号，请按以下步骤操作：

1 轻点顶部工具栏中的字体按钮，然后在出现的菜单中轻点增大字号（大A）或减小字号（小A）按钮。

2 轻点“字体”按钮，可以打开一个字体列表，选择不同的字体。

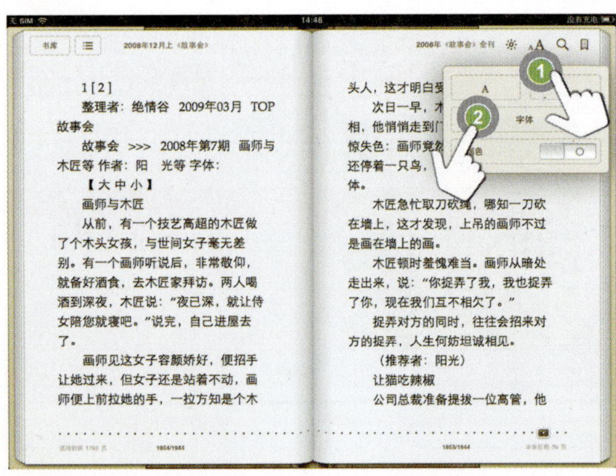

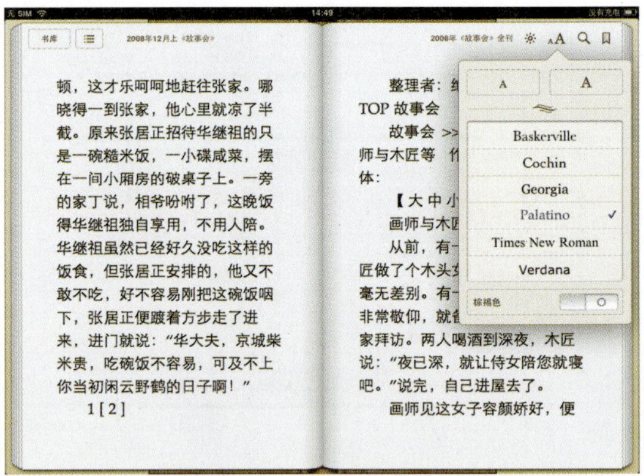

3 启用“棕褐色”按钮，可以改变图书的纸质背景，遗憾的是颜色单一，只能是浅棕褐色。

4 要调整阅读屏幕的亮度，可以轻点顶部工具栏右侧的亮度按钮，然后在出现的菜单中拖动改变屏幕亮度。

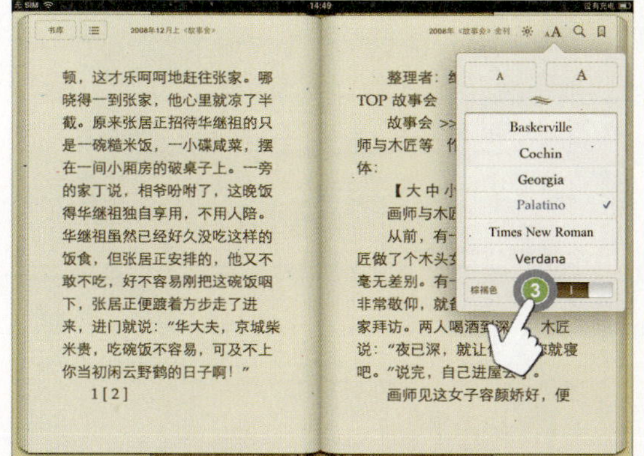

9.2.5 搜索图书内容

电子阅读的好处之一是可以快速执行关键字搜索，iBooks当然也不例外。要在当前打开的图书中搜索感兴趣的内容，请按以下步骤操作：

1 轻点图书右上角的搜索按钮，然后在出现的搜索框中输入关键字，例如“笑话”。

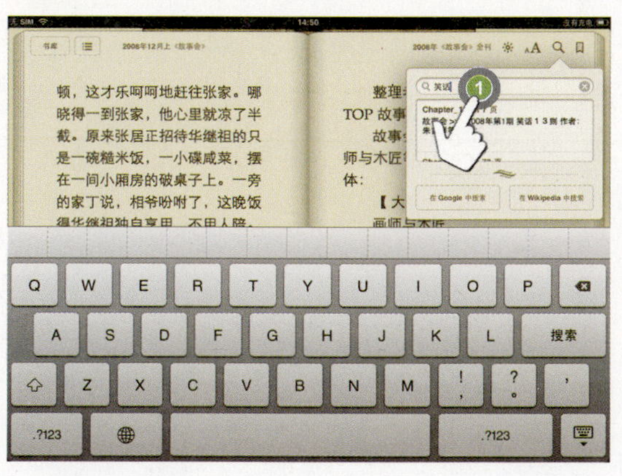

2 系统将立即显示根据关键字进行搜索的结果。轻点某个搜索结果，即可自动跳转到具体的页面。被搜索的关键字将对应突出显示。

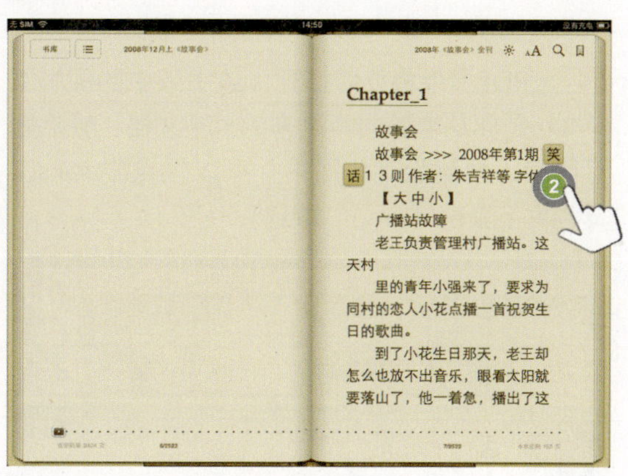

9.2.6 管理图书

用户可能会发现，在打开iBooks之后，书架上只显示了epub格式的图书，那么，通过电脑同步的PDF图书到哪里去了呢？其实它们也在iBooks书架中，只不过是另外一个书架：PDF书架。

要查看和管理PDF书架，请按以下步骤操作：

1 轻点iBooks界面左上角的“精选”按钮。

2 在出现的菜单中轻点“PDF”按钮。

TIPS 如果要建立“图书”和“PDF”之外的新书架，可以轻点“新增”按钮。

3 PDF书架将立即打开，该书架中的图书就是你从电脑同步过来的PDF文档。轻点即可阅读。要删除某些图书，可以轻点iBooks工具栏右上角的“编辑”按钮。

4 在编辑状态下，轻点图书即可选中它们。被选定图书将以淡色显示，并且具有蓝色的选定标记。轻点“删除”按钮即可删除选定的图书。

5 轻点书架上的某本图书即可打开阅读。PDF文档的阅读操作和epub图书的操作基本上是一样的。

第10章

使用iPad导航功能

3G版本的iPad具备GPS模块，可以提供更精准和快速的导航。iPad内置了“地图”程序，可以为用户提供定位服务，在联网状态下还可以查询交通状况，所以，在某些情况下，用户完全可以将自己的iPad当成一个导航设备来使用。

10.1 使用iPad“地图”程序

iPad“地图”功能提供了许多国家或地区中各个位置的传统视图、卫星视图、混合视图以及地形视图等。用户可以根据自己的需要，实时搜索当前位置，然后获得详细的驾驶、公共交通或步行路线，并且可以通过网络实时获取交通状况信息。

10.1.1 查看当前位置

3G版本的iPad集成了GPS导航模块，所以可轻松查找当前所在的位置。Wi-Fi版本的iPad没有GPS导航模块，所以，如果用户很看重iPad导航功能，那么最好购买3G版本的产品。要通过iPad查看用户当前所在的位置，请按以下步骤操作：

1 轻点主屏幕上的“地图”图标，以打开iPad内置的“地图”程序。

2 在打开“地图”程序之后，用户可以轻点“我的位置”图标，以查看当前所处的位置。

3 如果你的iPad尚未打开定位功能，则此时系统将弹出一个对话框，要求你启用定位功能，你可以轻点“设置”按钮。

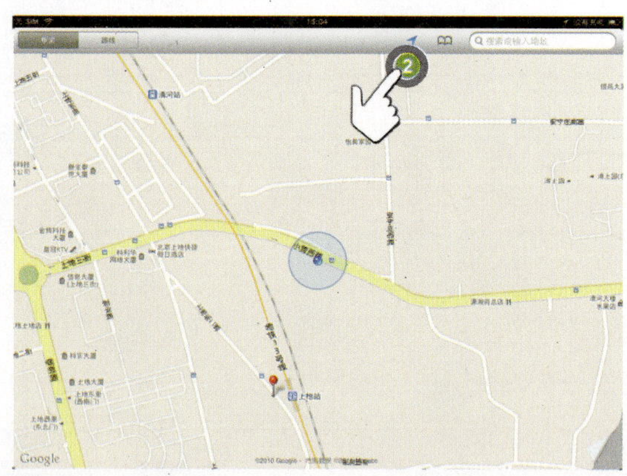

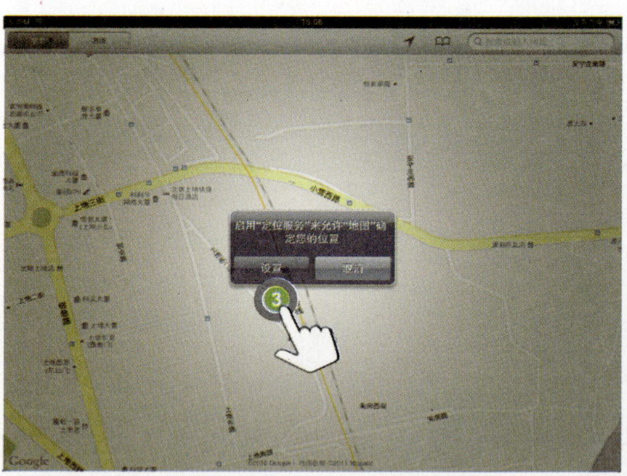

4 此时系统将跳转到“设置”界面，并自动打开“通用”分类中的“定位服务”选项，可以轻点“定位服务”和“地图”右侧的按钮，以开启这两项服务。

TIPS 在不需要使用“地图”功能时，最好能将“定位服务”关闭掉，因为它比较耗电。

5 现在再次打开“地图”程序，会发现在地图上有一个蓝色标记，它就是用户当前所在位置的标识。如果“地图”不能确定你所在的位置，则该标记周围会出现一个蓝色圆圈。圆圈的大小取决于可以确定的你所在位置的准确度。也就是说，圆圈越小，精确度越高。

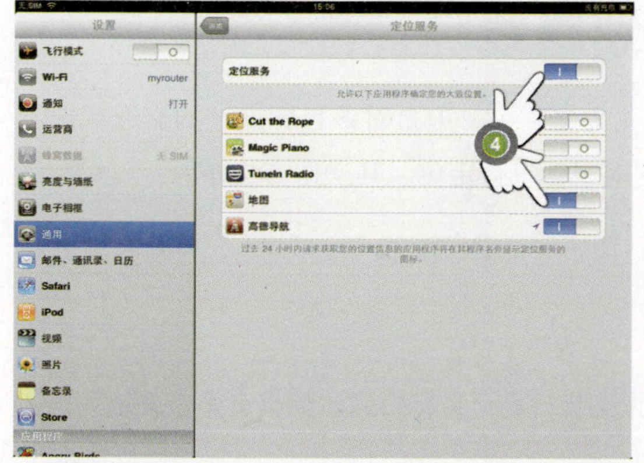

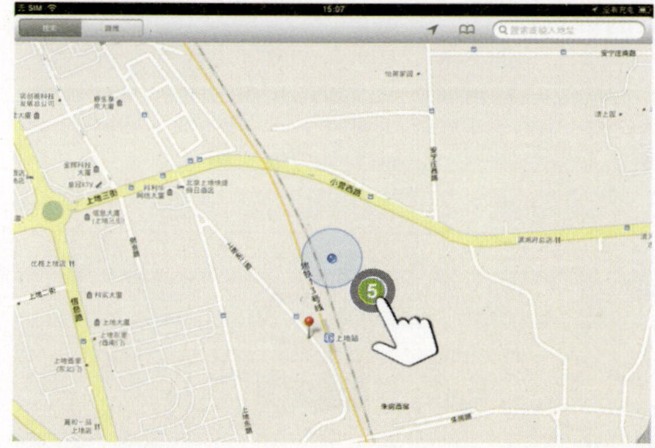

6 使用手指轻点蓝色圆圈，即可看到当前位置的信息提示。

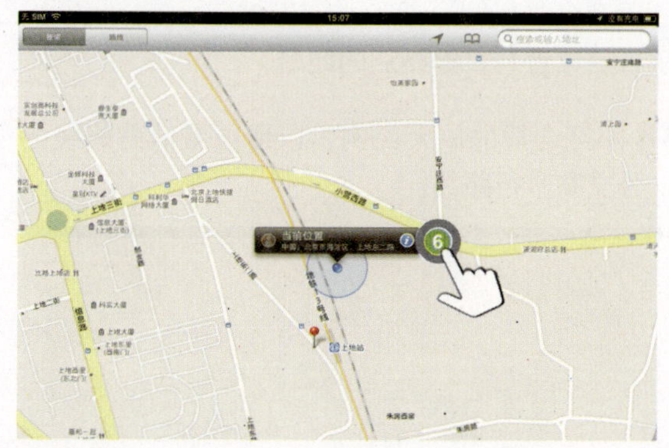

7 轻点信息提示框右侧的i按钮，可以打开“当前位置”对话框。用户可以将当前位置和某个联系人绑定在一起，轻点“添加到通讯录”即可。

TIPS

通过捏夹操作可以轻松放大或缩小地图。

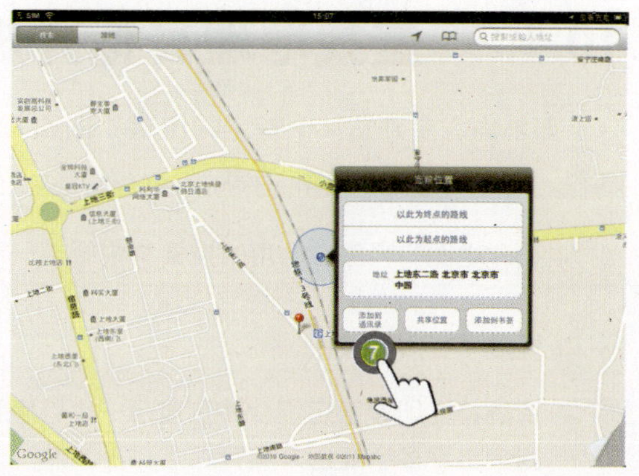

8 如果要将当前位置绑定到已有联系人，则可以轻点“添加到现有联系人”。

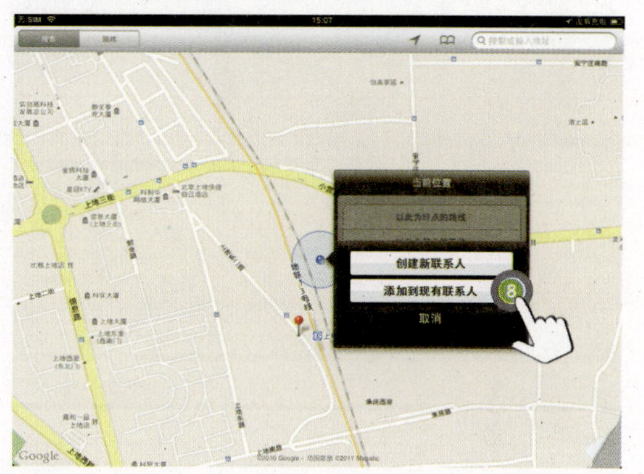

9 在出现“所有联系人”列表时，选择当前位置的联系人，例如“麦嘉雯”。当前位置信息将立即显示在联系人信息的“地址”栏中，无需手动输入。以后用户就可以通过该联系人定位到当前地址，反之亦然。

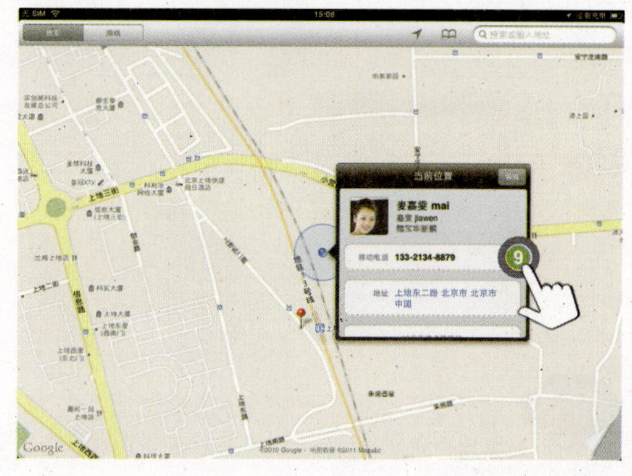

10.1.2 查找地理目标并规划路线

如果你需要到达某个特定的位置（例如“海龙大厦”），但是对该目标地址的交通状况不熟悉，则可以通过“地图”程序的查找功能，快速对目标进行定位。其操作方法如下：

1. 在“地图”程序右上角的搜索框中轻点一下，使用屏幕键盘输入“海龙大厦”作为关键字。
2. 轻点“搜索”按钮。
3. 系统将立即搜索定位，并且显示一个红色的大头针，标记目标位置。如果有多个地址可选，则会出现多个红色大头针。
4. 轻点目标地址右侧的图标，即可打开对应地址的信息框。

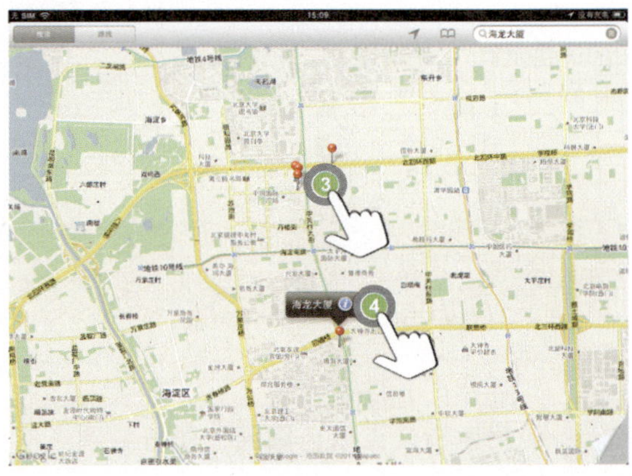

5. 轻点“以此为终点的路线”，即可快速获得从当前位置到目标终点的线路。
6. 路线规划完成之后，可以通过捏夹操作调整地图至合适的放大比例，以便能看清楚路线全貌。在底部的工具条中，你还可以选择驾车、公交和步行路线。

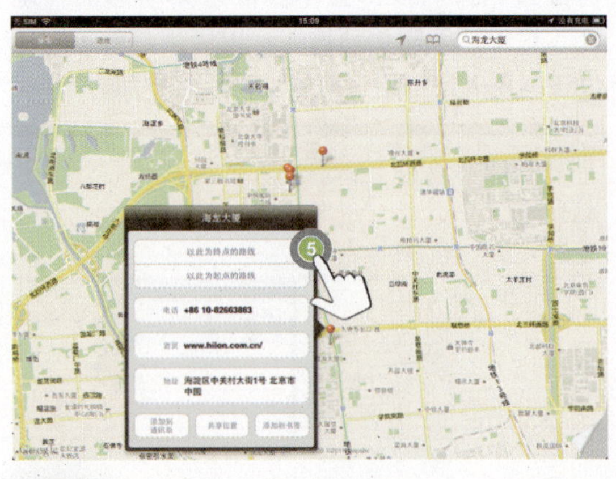

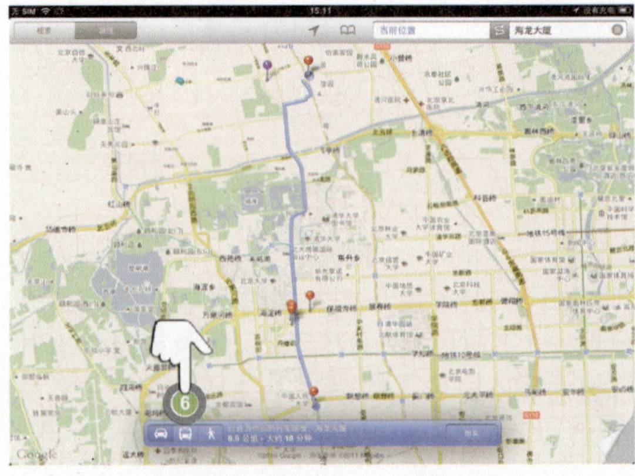

TIPS

如果用户想要切换终点和起点，则可以轻点屏幕左上角的S形路线按钮。

7 你也可以通过捏夹操作放大视图，然后逐段查看行车路线，以便做到心中有数。

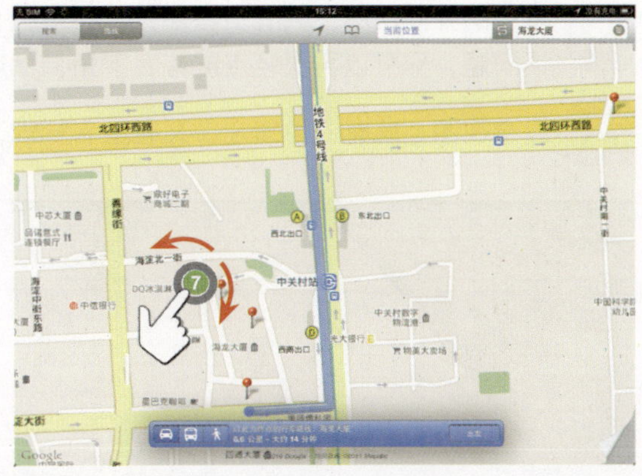

10.2 使用导航视图

iPad内置的“地图”程序还可以切换使用不同的视图。这些视图方式包括：传统视图、卫星视图、混合视图和地形视图等。有些地理位置还支持街景视图，使用户能远在千万里之外，就欣赏到当地的街景和风光。

10.2.1 查看卫星视图

卫星视图是Google公司提供的通过卫星拍摄的地理信息图像，它可以更直观地反映当前地理位置或路线的信息。要切换使用卫星视图，请按以下步骤操作：

1 在打开iPad“地图”程序之后，轻点屏幕右下角，此时会显示一个设置界面，用户可以看到，“地图”的默认选定项为“经典”，可以轻点“卫星”以进行视图的切换。

2 切换为卫星视图时，由于需要下载数据，所以根据网络速度的快慢，可能需要等待一段时间才能看到完整的地图。卫星视图可以清晰地看到路线上的建筑、街道和绿地等。使用捏夹操作同样可以放大和缩小视图。

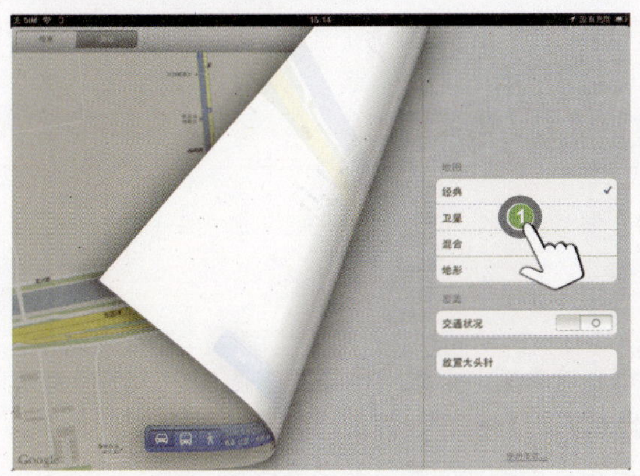

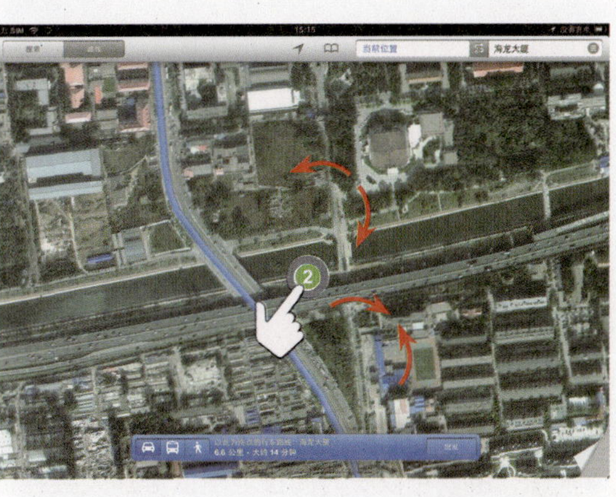

3 单纯的卫星视图上只有卫星图片，没有任何地名标识，所以辨认上可能会有些困难。要解决该问题，你可以再次轻点屏幕右下角，然后在出现的设置界面中，轻点“混合”选项。

4 混合视图上既有卫星图片，又有地名标识，可以帮助用户更好地识别建筑和地理信息。

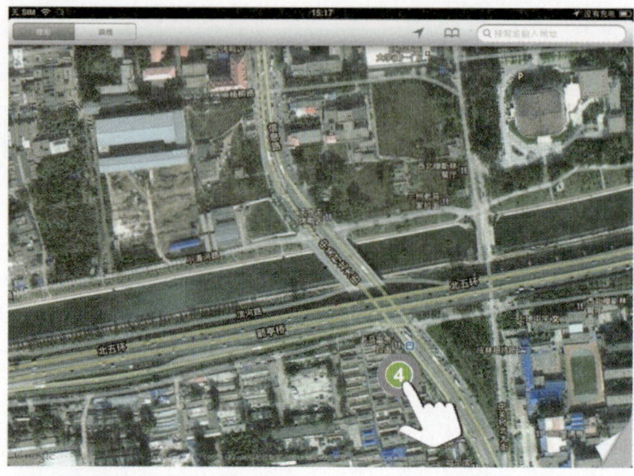

5 如果想查看路线的地形信息，则可以轻点屏幕右下角，然后选择“地形”选项。

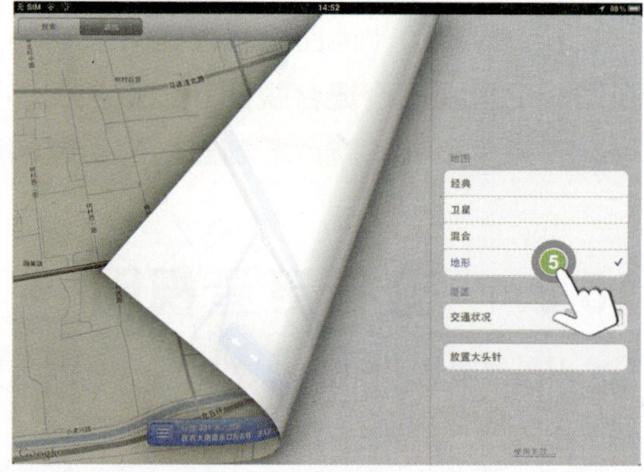

10.2.2 搜索街道视图

街道视图就是通过街道图片展示地理信息，这样，当用户查看地图时，就好像在身临其境地逛街一样！遗憾的是，在国内城市的地理信息中，街道视图基本不可用，所以，该视图只能更多地用于为用户展示港澳台或异域风情。

要体验和使用街道视图，请按以下步骤操作：

1 在“地图”程序搜索框中输入一个地址名称，例如“香港中环广场”。

2 轻点屏幕键盘上的“搜索”按钮。

3 被搜索的地址将显示一个大头针，并且出现地名信息框。如果该信息框前面的小人图标是灰色的，或者根本就没有小人图标，则表示该地址无街道视图。香港地区的很多地方都支持街道视图，所以可以长时间按地图以添加大头针，然后轻点地名前面显示的小人图标。

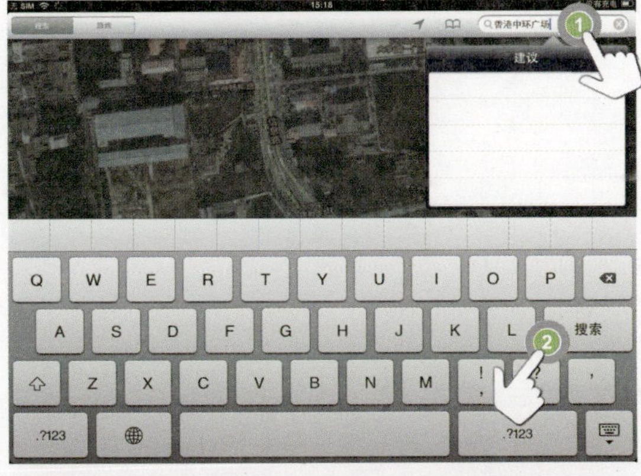

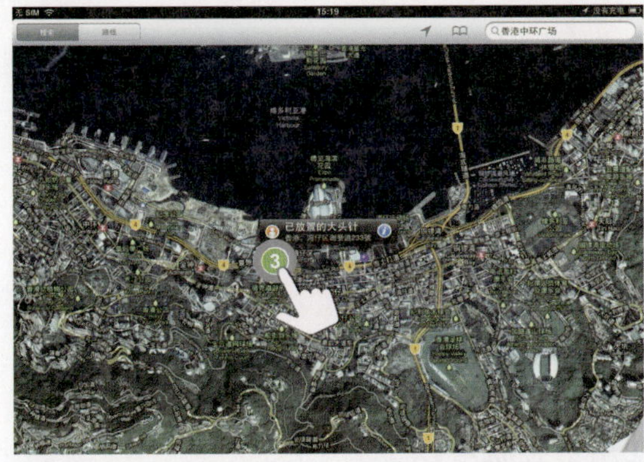

4 现在你就可以看到选定地址的街道视图了，怎么样，确实有身临其境的感觉吧？注意屏幕右下角还有一个圆形的地图，显示你当前的位置。

5 在街道视图下，用户还可以快速向上、向下、向左或向右滑动手指，以360° 移动全景视图。

TIPS 要返回地图视图，轻点右下角的圆形地图即可。

10.3 显示实时交通状况

iPad地图还可以为你显示实时交通状况。当然，这也是必须要有网络支持才能工作的功能。在一些交通经常拥堵的城市和地区，该项功能还是很实用的。要显示交通状况，请按以下步骤操作：

1 轻点地图屏幕的右下角，然后轻点“覆盖”选项“交通状况”右面的按钮，启用该功能。

2 交通状况功能被启用之后，根据车流量，街道和公路会被标上颜色。绿色线条表示行驶畅通，黄色表示车多路段，车速不快，而红色则表示拥堵路段。这些线条可以帮助你快速判断自己的出行道路情况，选择一条合适的路线行驶。

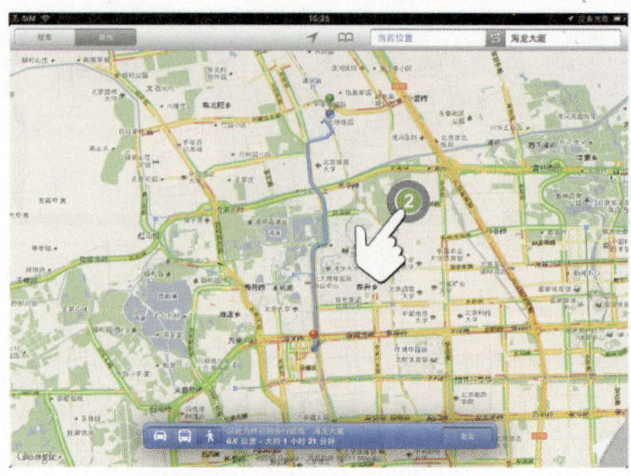

TIPS

如果街道或公路是灰色的，则交通状况数据不可用。如果看不到交通状况，则可以缩小视图，以查看主干路。

10.4 设置地理位置书签

如果用户需要经常到达某个地方，则可以将这个地方添加为地理位置书签，这样，下次再去时就不需要输入地址，而只要使用书签就可以了。

1. 使用手指在某个地理位置上长按不撒手，则系统会自动添加一个大头针，并且显示“已放置的大头针”地理位置信息，你可以轻点i信息按钮。

2. 此时“已放置的大头针”将打开一个对话框，你可以轻点“添加到书签”按钮。

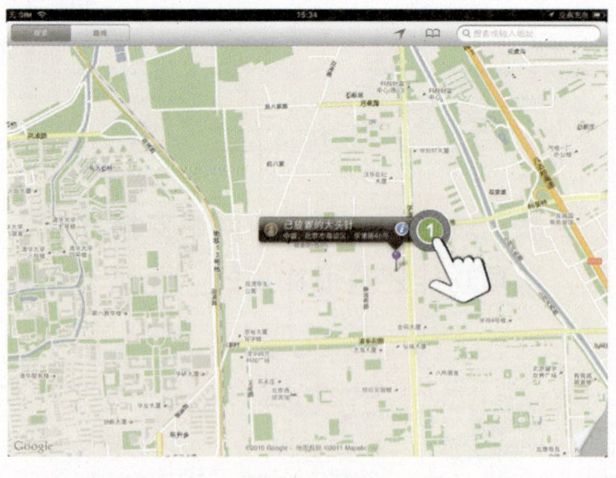

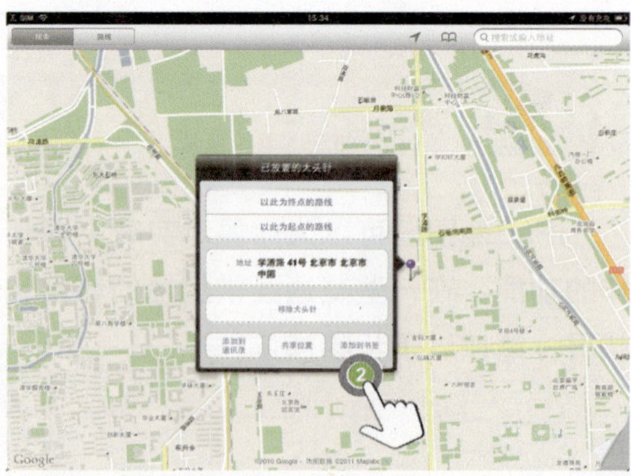

3. 在出现的“添加书签”对话框中输入书签的名称，例如“检测厂”，然后轻点“存储”按钮。

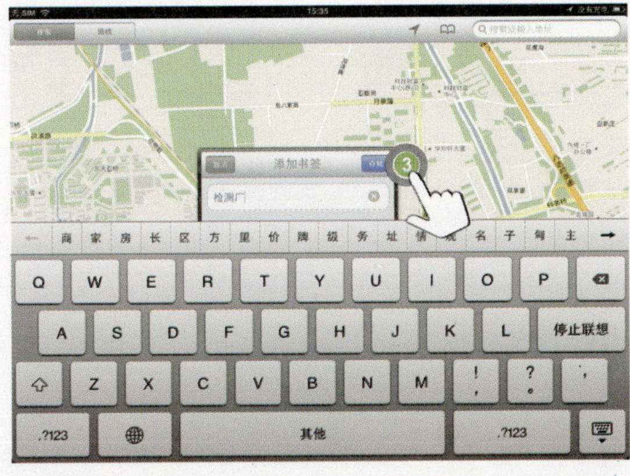

4 现在假定你已经移到地图别的位置，要迅速定位到刚才的地理位置书签，则可以轻点地图顶部的书签按钮。

5 在出现的菜单中轻点“书签”以显示书签列表。

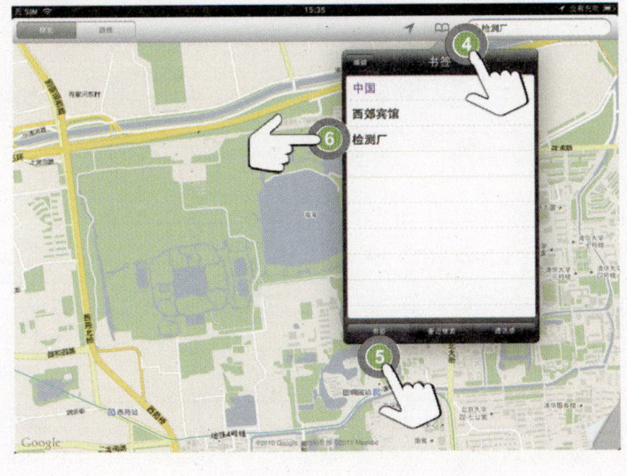

6 轻点“检测厂”书签，地图将立即定位到该处。

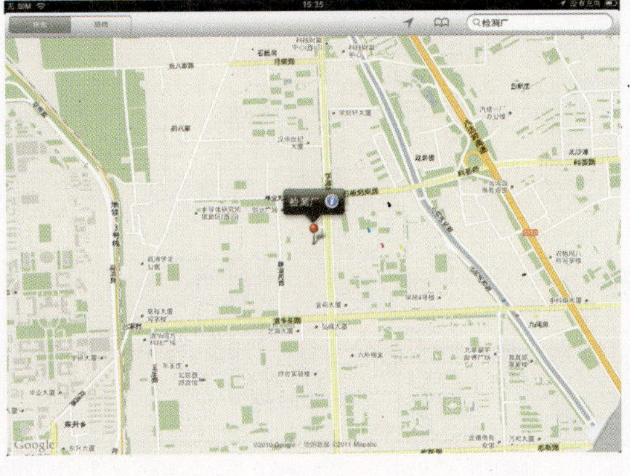

读书笔记

第11章

越炒越开心

使用iPad炒股看盘已经不是什么新鲜事了，很多炒股软件都开发了自己的iPad版本，现在无论你身处何地，都可以通过iPad快速查看股票行情，获得第一手行情，做出最明智的抉择。

11.1 经典炒股软件推荐

使用手机炒股并不新鲜，使用iPad也能炒股吗？答案是：能！很多手机炒股软件都开发出了自己的iPad版本，由于iPad的屏幕更大，能看到的内容也更多，所以，使用iPad炒股其实更加方便。

11.1.1 同花顺 HD

同花顺是老牌的炒股软件。其标准版可以提供炒股必需的沪深两市、股指期货、基金、港股、美股外盘等金融市场行情；软件还提供行业财经和个股F10资讯、在线委托交易等全部功能。要下载和使用同花顺HD版，请按以下步骤操作：

1 轻点主屏幕上的App Store 图标。

2 在右上角的搜索框中输入“同花顺 hd”作为关键字。

3 在出现的搜索结果中，轻点“同花顺 hd（炒股必备）”图标。

4 现在你可以查看到同花顺软件HD版本的一些介绍。轻点“免费”按钮即可安装。

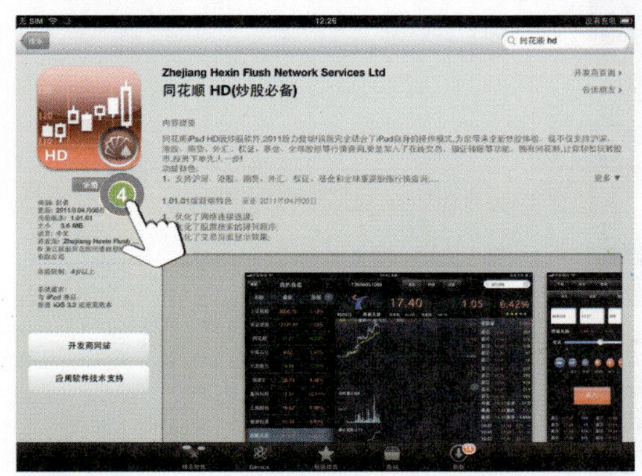

TIPS

用户也可以直接在搜索结果页面中轻点“免费”按钮安装，但是，建议在安装之前查看一下软件详情，包括软件版本、大小、评价星级等，这样能对软件有一个初步的了解。

5 安装完成之后，轻点主屏幕上的“同花顺hd” 图标。

6 程序启动之后，轻点底部的“股指”图标即可查看当日大盘指数。

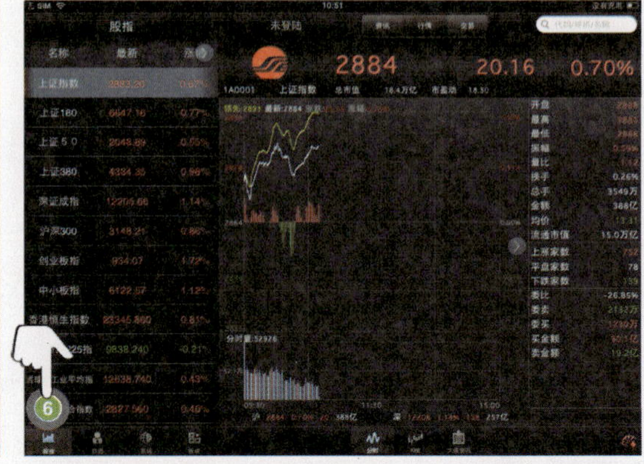

7 轻点底部“板块”图标可以查看板块资金进出状况，红色为流入，绿色为流出。

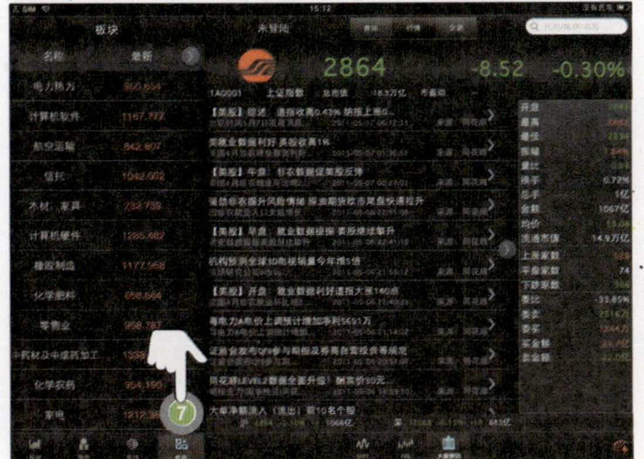

8 要查看个股交易详情，可以轻点“市场”图标，也可以直接在搜索框中输入股票代码。

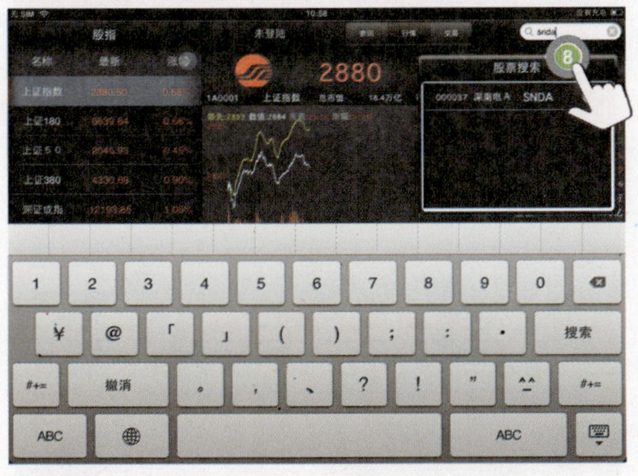

9 该支股票的交易详情将立即显示，你可以轻点“分时”、“K线”、“公司资料”等图标以了解该股票更多的信息，帮助你进行操作决策。

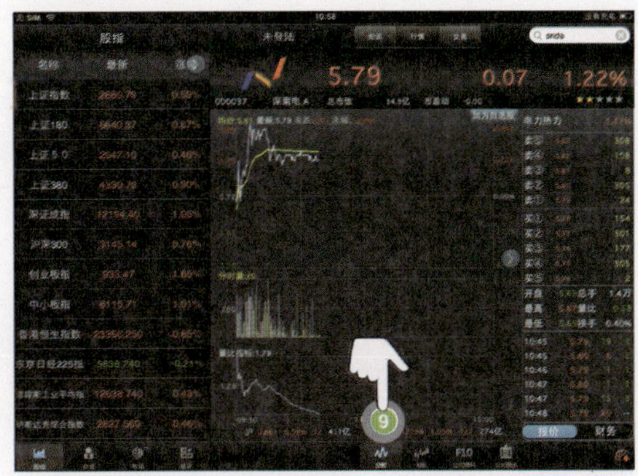

10 要登录进行股票交易，可以轻点顶部搜索框左边的“交易”按钮，然后选择股票账户所在证券公司进行登录交易。

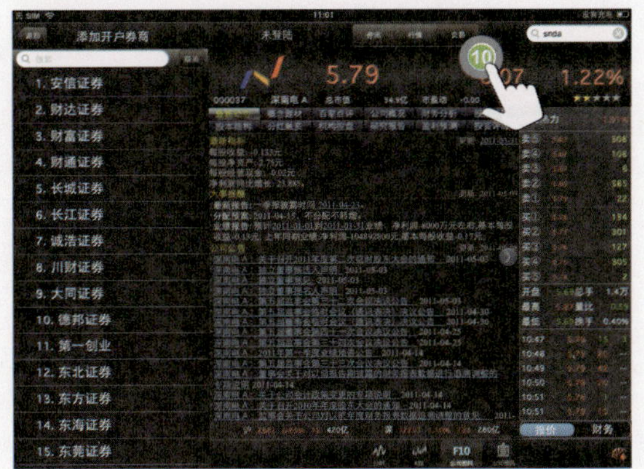

11.1.2 大智慧 for iPad

大智慧也是一款很流行的炒股看盘软件。它可以用来进行股票行情显示和分析，使用简单，功能强大，其决策系统和板块监测等栏目值得参考。要使用大智慧for iPad版，请按以下步骤操作：

1 轻点主屏幕上的App Store 图标。

2 在右上角的搜索框中输入“大智慧 for ipad”作为关键字。

3 在出现的搜索结果中，轻点“大智慧 for ipad”图标。

4 在大智慧for iPad版的详情页面中，查看一下软件介绍，然后轻点“免费”按钮，安装该软件。

5 在安装完成之后，轻点主屏幕上的“大智慧”图标。

6 在进入大智慧软件界面之后，用户可以看到很多导航按钮，它们可以帮助用户了解市场并做出决策。例如，要查看当日板块交易信息，可以轻点“栏目导航”中的“板块监测”。

7 板块市场的涨跌信息将显示在用户面前。用户可以分页查看。要返回主页，可轻点左上角的“大智慧”按钮。

股票名称	最新	涨幅%↓	涨跌	昨收	成交量	成交额	最高
横琴新区	3530.32	3.18	108.78	3421.54	50.95万	9.36亿	3547.46
机械	4584.72	2.26	101.45	4483.27	516.5万	69.77亿	4599.37
IGCC	3613.81	2.08	73.76	3540.05	72.66万	12.57亿	3664.68
核电	2902.73	1.96	55.89	2846.84	208.5万	27.50亿	2925.39
电器	4227.94	1.74	72.48	4155.46	288.8万	30.81亿	4257.64
风能	2716.29	1.70	45.30	2670.99	311.4万	36.99亿	2734.53
长株潭	4583.62	1.50	67.53	4516.09	129.8万	19.28亿	4600.89
大订单	4213.98	1.42	59.08	4154.90	487.1万	61.37亿	4241.02
仪电仪表	4595.02	1.41	63.76	4531.26	165.8万	26.64亿	4620.90
黄金股	4518.68	1.39	61.89	4456.79	67.29万	11.95亿	4548.93
增持回购	3766.59	1.38	51.24	3715.35	448.2万	47.62亿	3783.09
铁路基建	2329.35	1.38	31.68	2297.67	404.7万	37.51亿	2355.15
电力设备	3094.75	1.38	42.03	3052.72	148.6万	25.60亿	3113.32
广西	3239.81	1.28	40.97	3198.84	86.64万	10.43亿	3248.54

8 轻点主页上的“决策系统”按钮可以打开“大智慧”的决策系统，决策系统包括两个项目，一个是“阶段统计”，一个是“板块监测”。要了解近阶段涨幅靠前的股票，可以轻点“阶段统计”。

9 大智慧将按7日涨幅对股票进行排序，用户可以看到最近比较热门的有主力资金追捧的股票，为你决策做出参考。要了解个股详情，可以在右上角的搜索框中输入个股代码，然后轻点“搜索”按钮。

10 现在你可以看到个股详细交易数据。

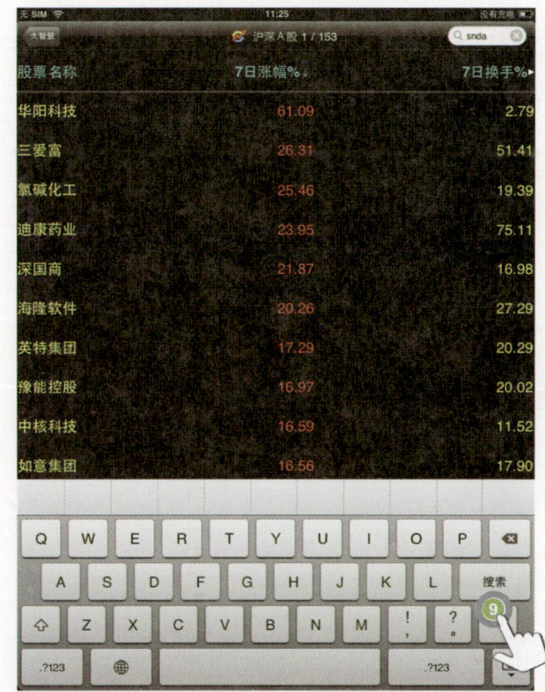

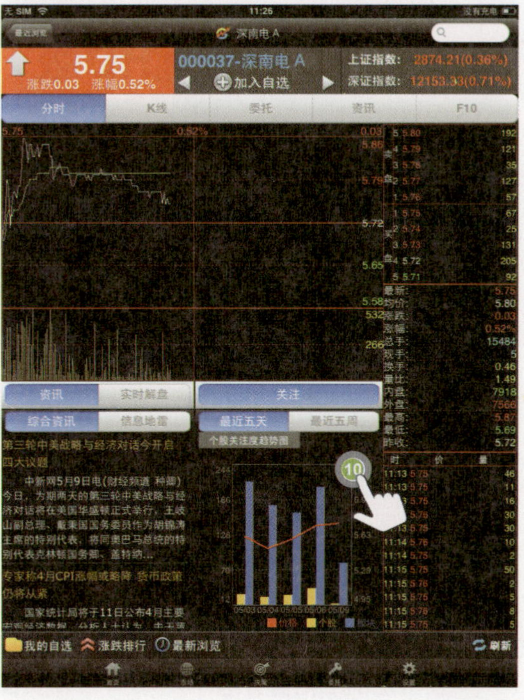

11 要登录买卖股票，可以轻点主页上的“委托交易”图标，然后在出现的“券商列表”中选择你的开户证券公司。

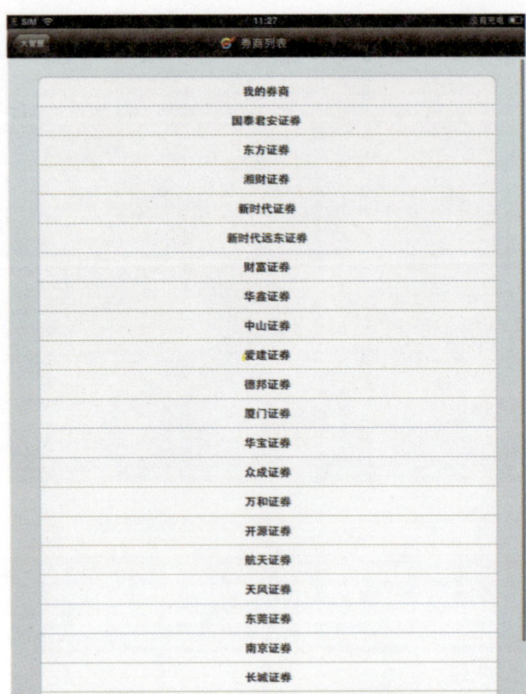

11.1.3 招商智远HD版

招商智远HD版是招商证券公司开发的免费炒股软件，如果你的股票账户是在招商证券开户的，那么使用它进行炒股交易是一个不错的选择。

要使用招商智远HD版，请按以下步骤操作：

1. 轻点主屏幕上的App Store 图标。
2. 在右上角的搜索框中输入“招商”作为关键字。
3. 在出现的搜索结果中，轻点“招商智远HD”图标。
4. 在出现的“招商智远HD”软件详情页面中，查看该软件的介绍，轻点“免费”按钮以安装该软件。
5. 安装完成之后，轻点主屏幕上的“招商证券” 图标，以启动该程序。
6. 在出现的招商证券主页面中，用户可以看到沪深两市指数，以及底部的一排按钮。要登录交易，可以轻点“交易”按钮。

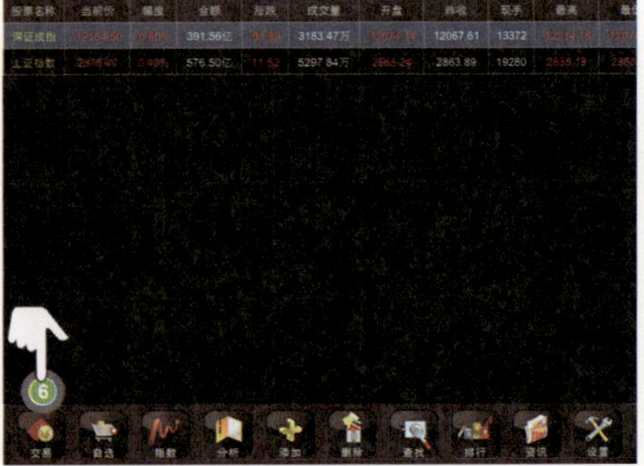

7 输入牛卡账号、交易密码、验证码等，轻点“登录”按钮。

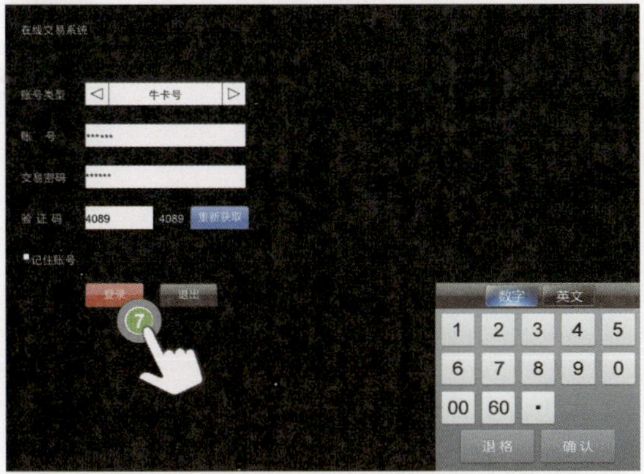

8 成功登录之后，你就可以看到自己账号的“资金明细”和“股票明细”。要买入或卖出股票，可以轻点下面的蓝色对应按钮。

9 委托交易结束之后，可以轻点“退出”按钮。

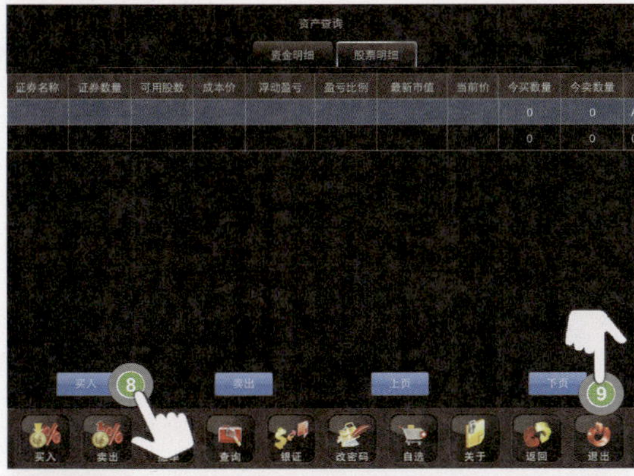

10 轻点主页中的“排行”图标，可以查看当天交易涨跌幅排行。轻点底部“板块”图标，可以查看相应的板块信息。

11 要查看个股信息，可以轻点“查找”图标，输入个股代码。

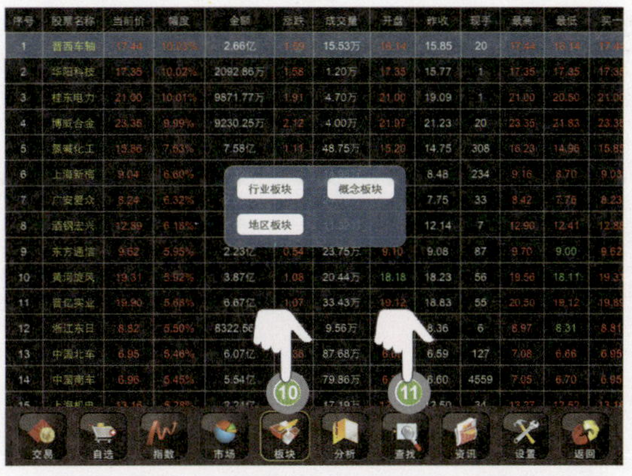

11.1.4 操盘手主力版

内地股票市场是庄家的天下，只有密切关注主力的动向，才能赢得市场先机，所以了解股票的主力买卖情况非常重要，操盘手主力版就是据此而设计的，它可以为用户的股票交易提供重要的信息参考。要安装和使用操盘手主力版，请按以下步骤操作：

1 在App Store界面右上角的搜索框中输入“招商”作为关键字，就能找到操盘手主力版的安装程序。

2 轻点其图标，进入详情页面。

3 在“操盘手主力版”详情页面中，查看软件信息，然后轻点“免费”按钮安装。

4 在安装完成之后，轻点主屏幕上的“操盘手主力版” 图标。

5 在打开“操盘手”界面之后，要跟踪主力买卖信息，可以轻点“主力统计”按钮。

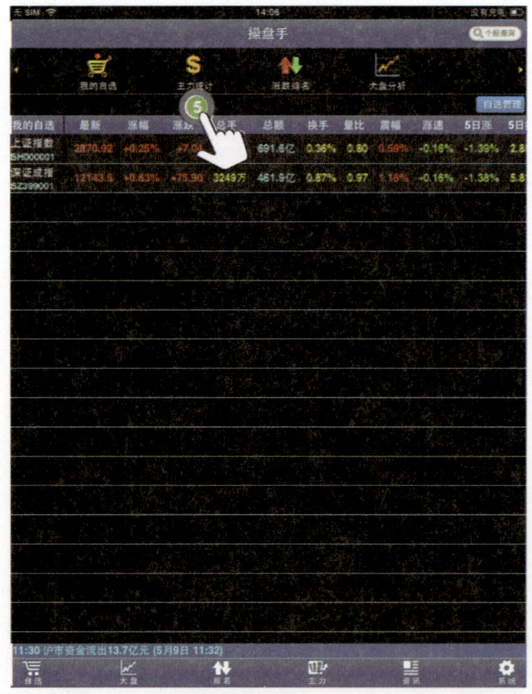

6 现在用户就可以查看到当天主力净买资金排行、5日净买、10日和20日增仓等信息。要查询个股，可以轻点右上角的“个股查询”搜索框。

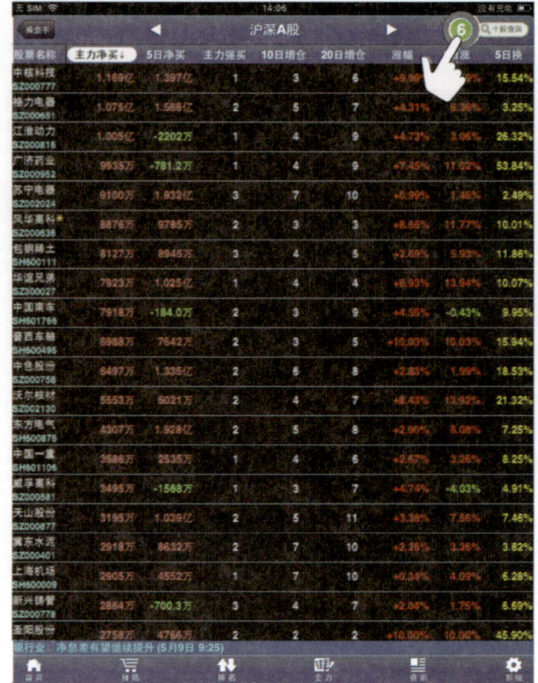

7 要了解市场消息，可以轻点底部的“资讯”按钮，就可以看到很多推荐资讯，不过，这些资讯只能作为操作参考，切不可盲目跟进。

11.2 实用理财工具程序推荐

在炒股时，用户也许会需要进行计算、记录等，那么可以考虑下载一些实用的小工具，直接在iPad上应用，这样应该会提高效率。

11.2.1 计算器

计算器是在很多时候都需要用到的工具。在iPad上安装一个免费的计算器程序，就可以把iPad当做一个豪华的计算器来用了。要安装和使用计算器，请按以下步骤操作：

1 轻点主屏幕上的App Store 图标。

2 在右上角的搜索框中输入calculator作为关键字。

3 在出现的搜索结果中，轻点“计算器+”图标。

4 在出现的“计算器+”程序详情页面中，可以看到对该程序的介绍。轻点“免费”按钮进行安装。

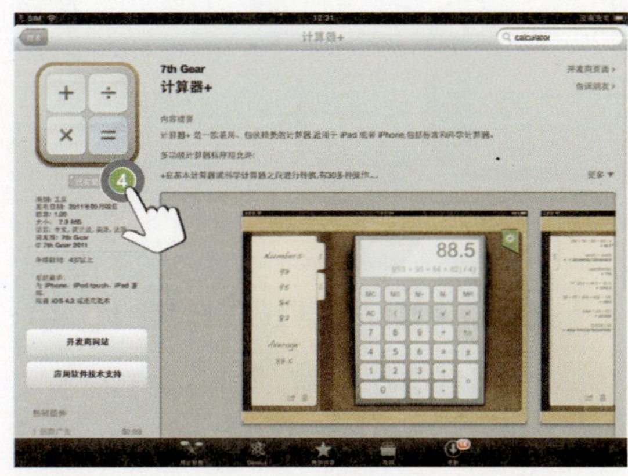

5 在安装完成之后，轻点主屏幕上的“计算器+” 图标。

6 该程序的界面相当简洁明了。在其右上角有一个设置按钮，轻点即可打开“设置”菜单。

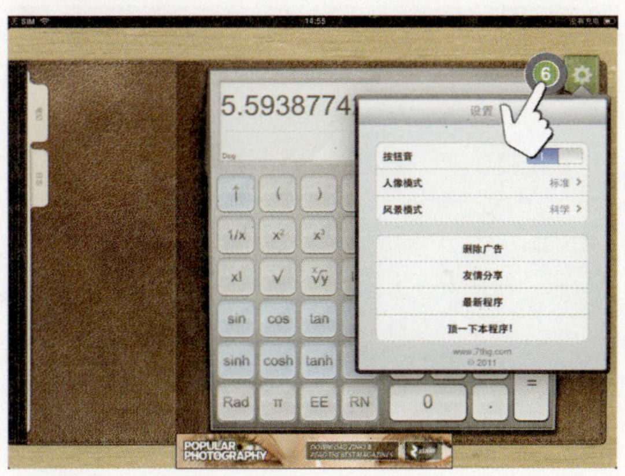

7 在左侧则有“笔记”和“日志”两个标签。轻点“日志”标签，可以查看曾经计算过的项目。

11.2.2 Evernote笔记本

和“计算器+”一样，Evernote笔记本也是一款颇受好评的免费实用工具软件。使用Evernote可以记录你的炒股笔记，其操作方法如下：

1 在App Store的搜索框中输入“evernote”作为关键字。

2 轻点搜索结果列表中的Evernote图标。

3 在Evernote详情页面中，查看该软件的介绍和评价等，轻点“免费”按钮安装。

4 在安装完成之后，轻点主屏幕上的Evernote图标，以启动该程序。在出现启动画面时，轻点“创建一个帐户”按钮。

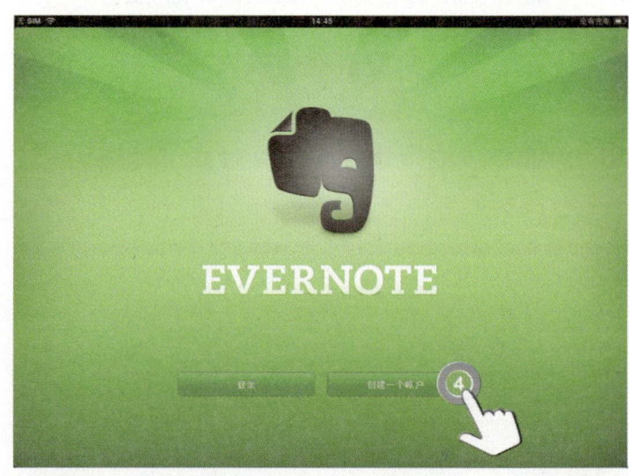

5 根据屏幕提示填写表单，完成后轻点“注册”按钮。

6 注册完成之后，你就可以进入Evernote编写笔记了。轻点左下角的“新建笔记”按钮可以创建新笔记。轻点右下角的设置按钮可以打开“设置”菜单，对程序进行设置。

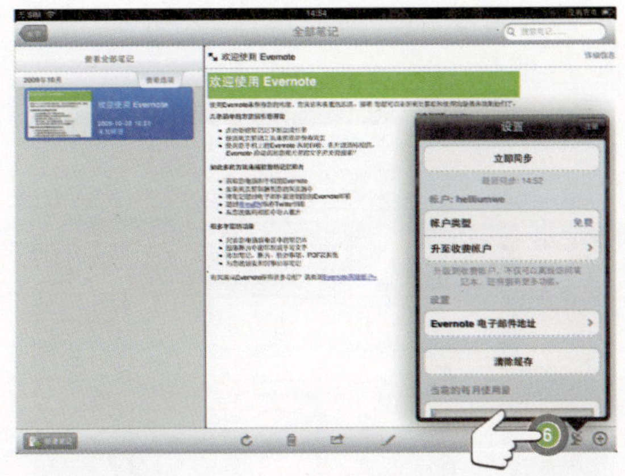

11.2.3 iMoney汇率转换

如果你有港股交易或外汇买卖业务，那么有一个汇率转换工具是很重要的。在App Store也可以找到这样方便的程序，那就是iMoney HD。要安装和使用该程序，请按以下步骤操作：

1 在App Store的搜索框中输入“imoney”作为关键字。

2 轻点搜索结果中的iMoney图标，这是一个获评4星半的免费工具。

3 轻点iMoney详情页面中的“免费”按钮进行安装。

4 安装完成之后，轻点主屏幕上的iMoney 图标。

5 在打开iMoney之后，可以看到4个转换输入框，每个框都可以设置不同的币种。例如，用户可以在“USD 美元”框中轻点一下，然后输入一个数值，即可对应得到其他币种的转换额。

6 要改变币种，可以轻点某个币种的输入框（例如“JPY日元”）。

7 在下面的列表中选择不同的币种，例如“TWD 新台币”。

第12章

网络互动和阅读抢鲜应用

由于iPad良好的阅读特性，使得很多网络门户网站和互动社区都争相开发出了自己的iPad客户端程序，这些程序往往都是免费的，它们为用户的内容阅读和实时互动提供了极大的方便，值得推荐。

12.1 安装和使用即时通讯软件

QQ和MSN是非常流行的两款即时通信软件。在iPad上安装和使用它们，可以方便用户和好友之间的联系。

12.1.1 下载和使用QQ HD版

腾讯QQ有专门的iPad版本应用程序。要下载iPad版本的QQ程序，请按以下步骤操作：

1 轻点主屏幕上的 APP Store 图标。

2 在出现的 APP Store 界面中，轻点右上角的搜索框，输入“qq”作为搜索关键字。

3 在出现的iPad应用软件列表中，轻点“QQ HD”右侧的“安装”按钮。

4 安装完成之后，轻点主屏幕上的“QQ HD”软件图标，进入QQ HD程序。在登录界面中输入QQ号码和密码，轻点Sign In（登录）按钮。

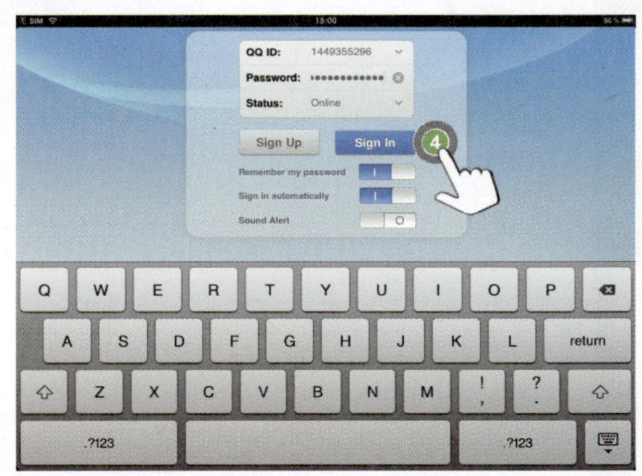

5 成功登录之后，你就可以看到自己的QQ好友列表。要和某个好友进行聊天，可以轻点其头像，然后在右侧打开其单独的聊天窗口。轻点输入框可以输入文字聊天信息。

6 要在聊天中使用表情，可以轻点灰色输入框右侧的表情图标，然后在出现的列表中选择一个表情图案。

7 要给好友发送图像，可以轻点灰色输入框右侧的图片按钮。在出现的Photo Albums（相簿）菜单中选择一项：Saved Photos（保存的照片）或Photo Library（照片库）。

8 要添加新的QQ号码作为好友，可以轻点顶部的加号按钮。

9 在出现的Search（搜索）框中输入QQ号码。

10 轻点Search（搜索）按钮。找到匹配者之后你就可以添加他（她）为好友了。

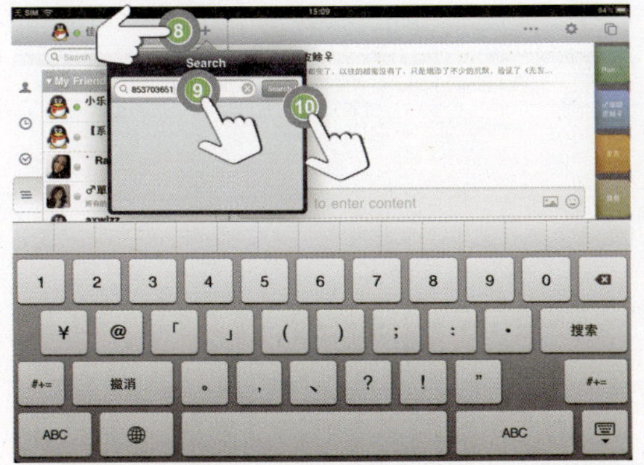

11 轻点QQ程序顶部的...（More）按钮，会打开一个列表，通过该列表，用户还可以快速访问腾讯微博、腾讯网、QQ邮箱等内容。

12 要退出登录，可以轻点左上角的用户名，在出现的菜单中选择Sign Out（注销）。

13 要清除登录痕迹，可以在登录界面中轻点“QQ ID”右侧的向下箭头，轻点QQ号码前面的红色按钮，然后轻点显示出来的Delete（删除）按钮。

12.1.2 安装和使用MSN

MSN是和QQ类似的即时通讯软件，它的用户数量也相当多。如果用户常用MSN和好友建立联系，那么，现在这个工具也可以移植到iPad上使用了。要在iPad上安装和使用MSN，请按以下步骤操作：

1 轻点主屏幕上的APP Store 图标。

2 在出现的APP Store界面中，轻点右上角的搜索框，输入“msn”作为关键字。

3 轻点Air MSN Messenger HD选项中的“免费”按钮，安装该软件。

4 轻点主屏幕上的Air MSN HD 图标。

5 在出现MSN登录界面时，输入用户的MSN账号和密码，然后轻点Login（登录）按钮。

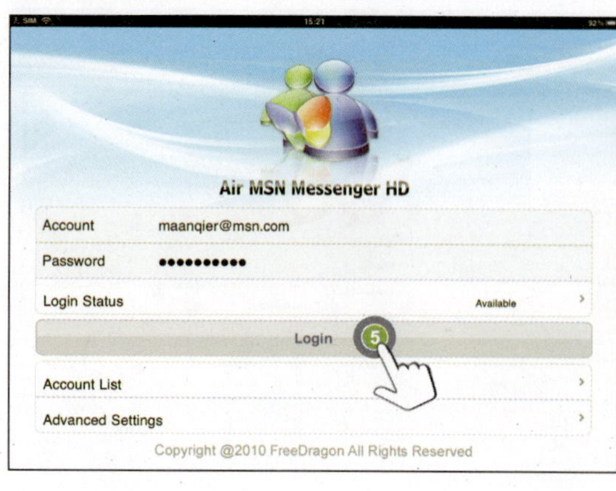

6 登录完成之后，默认打开Buddy（联系人）分类，你就可以看到自己的MSN联系人列表。要和好友进行聊天，可以从联系人列表中选择要聊天的对象，轻点一下。

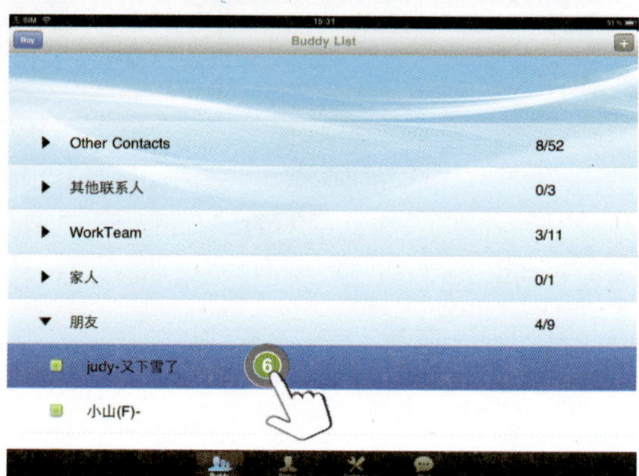

7 系统将立即打开聊天窗口，联系人的昵称出现在窗口顶部，可以在自动出现的输入框中输入聊天信息。

8 轻点屏幕键盘上的“发送”按钮。

TIPS

免费版的MSN有很多功能都没有，如果想要使用更加全面的功能，可以考虑购买收费版本。

12.2 实用微博程序推荐

除了即时通讯之外，现在的博客尤其是微博应用也很火热。在微博上不但可以看到最新的信息、评论，还能发现很多新鲜有趣的事物。如果用户很热衷于玩微博，那么我们推荐你在iPad上安装微博应用，它们不但完全免费，而且非常好用。

12.2.1 微博HD

微博HD是新浪公司开发的新浪微博官方iPad客户端。使用它可以阅读、发布、评论、转发新浪微博，还可以进行私信和关注他人。要在iPad上安装和使用它，请按以下步骤操作：

1 轻点主屏幕上的App Store 图标。

2 在右上角搜索框中输入“微博hd”作为关键字进行搜索。

3 在出现的搜索结果中轻点“微博hd”图标右侧的“安装”按钮。

TIPS 在搜索“微博hd”时你可能会发现，本节介绍的其他程序（腾讯微博HD、PushBox HD）都在其中，也就是说，用户同样可以通过这种方式安装上述微博应用程序，后文将不再赘述。

4 在安装完成之后，轻点主屏幕上的“微博HD” 图标。

5 首次打开时会出现登录界面，可以填入自己的新浪微博账号和密码，然后轻点“登录”按钮。

6 成功登录之后，就可以查看自己的微博了。如果用户懒得看文字，想先扫一眼图片，则可以轻点“微博图览”按钮。

7 图片看起来更加直观，轻点即可阅读。上下推动可以预览更多图片。要关闭窗口，可以轻点右上角的红色关闭按钮。

8 轻点“桌面主题”按钮，还可以选择修改微博桌面背景。

9 在界面左侧还有1列按钮，用户可以通过它执行更多的微博操作。例如轻点搜索按钮可以查找最近的热门话题。

10 轻点铅笔图标可以撰写新微博。

11 轻点设置图标可以进行微博账号管理等设置。

12.2.2 腾讯微博HD

腾讯微博HD其实是和新浪微博类似的产品，只不过它是针对腾讯微博用户开发的iPad版本。如果用户注册和使用的是腾讯微博，那么可以考虑下载和使用该应用。其操作方法如下：

1 轻点主屏幕上的App Store ，搜索“微博hd”以安装腾讯微博HD版。

2 轻点主屏幕上的“腾讯微博HD” 图标，然后输入你的腾讯微博账号和密码，轻点“登录”按钮。

3 登录之后，默认打开的是“我的主页”，你可以查看到微博更新内容。要编写微博，可以轻点左下角的铅笔图标。

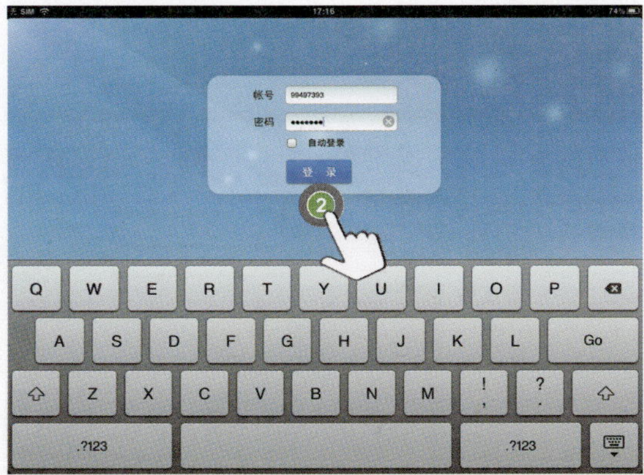

4 轻点“广播大厅”，可以关注那些热门人物在说些什么。

5 轻点“搜索”按钮，可以搜索新鲜话题。

12.2.3 PushBox HD（新浪微博）

PushBox HD可以将微博内容推送到你的面前，它同时支持新浪微博、Twitter和腾讯微博等，所以，如果用户经常在多个微博之间转悠，那么使用PushBox HD是一个不错的选择。其基本操作如下：

1 通过App Store安装免费的PushBox HD，然后轻点主屏幕上的PushBox HD图标，选择要登录的微博，例如“新浪微博”。

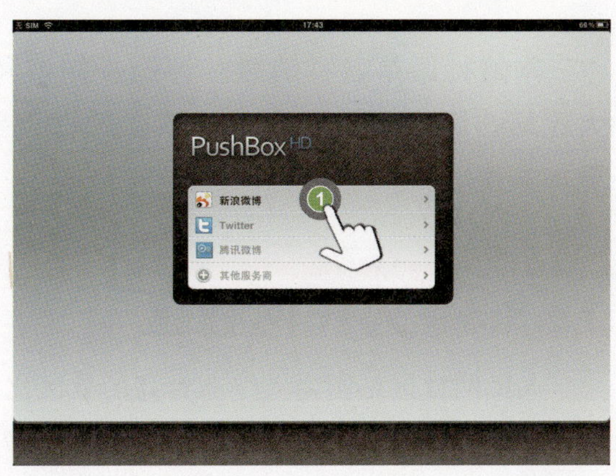

2 输入你的新浪微博账号和密码，轻点蓝色的登录按钮。

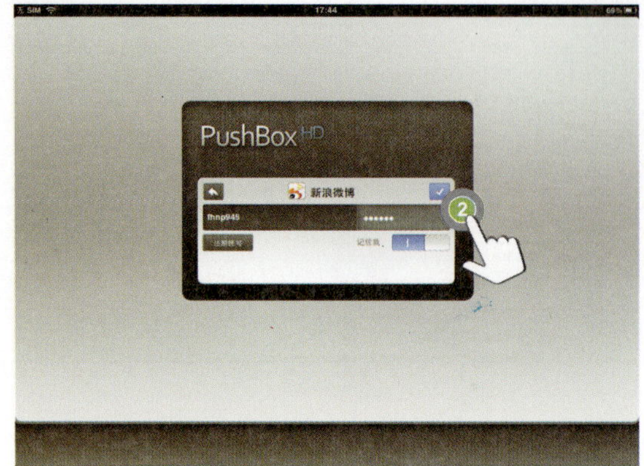

3 首次登录你可以看到各项功能提示。它的特色功能是可以按幻灯片的形式将微博内容播放给你看，轻点SlidePlay按钮即可。

4 要评论或转发微博内容，可以轻点右上角的箭头按钮。

5 要切换账号或进行其他设置，可以轻点右下角的“...”按钮。

12.3 网络社区

网络社区是各种消息、评论、知识和资源的集散中心。如果用户经常混迹于各大论坛，那么不妨在iPad上安装这些网络社区的HD版，使你的阅读、发帖和讨论更加方便。

12.3.1 人民网社区

人民网社区是国内人气非常高的社区之一，以时政讨论为主，其“强国论坛”非常有名。要下载和使用“人民网社区”，可以按以下步骤操作：

1 在App Store搜索框中输入“人民网社区”作为关键字进行搜索。

2 在打开“人民网社区”详情页面之后轻点“安装”按钮。

3 轻点主屏幕上的“人民网社区”图标。

4 程序启动之后，默认将进入“强国论坛”。要访问其他板块，可以轻点“切换板块”按钮。

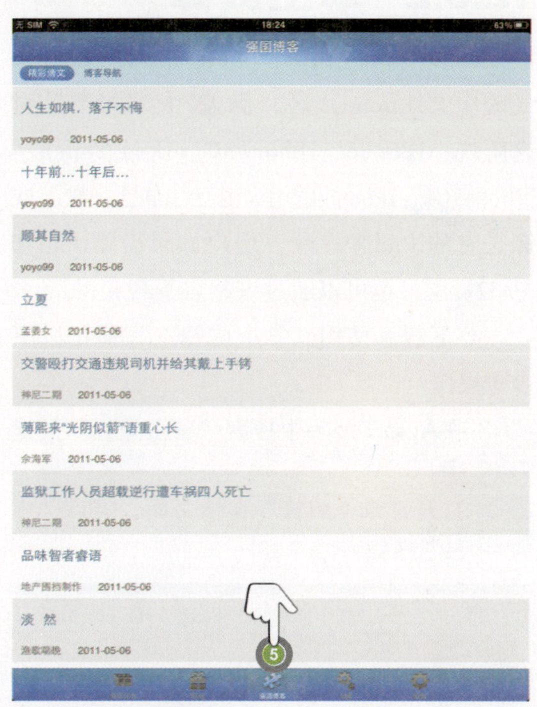

5 通过下面的图标可以快速访问社区其他功能，例如，轻点“强国博客”按钮可以打开“强国博客”。

6 要登录论坛账号，可以轻点底部的“设置”按钮。

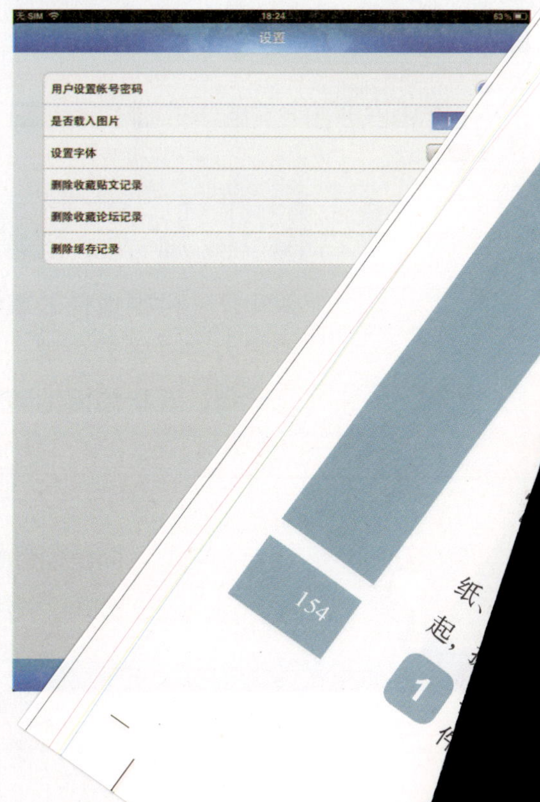

12.3.2 掌上威锋

威锋网（weiphone.com)是国内最具人气的中文iPhone社区，涵盖7大苹果产品讨论版块：iPhone、iPhone3G、iPod Touch、iPhone3Gs、iPhone4、iPad以及iPad2，掌上威锋是它的iPad客户端，用户如果需要iPad和iPad2资源，也可以通过该站点下载获得。

要下载和使用“掌上威锋”，请按以下步骤操作：

1 在App Store中搜索“掌上威锋”关键字。

2 打开“掌上威锋”详情页面，轻点“安装”按钮。

3 轻点主屏幕上的“掌上威锋”图标，在打开程序界面之后选择你要访问的项目，例如“论坛”。

4 威锋网的论坛内容非常丰富，可以选择对应的产品进入讨论区。这和通过电脑访问是一样的。

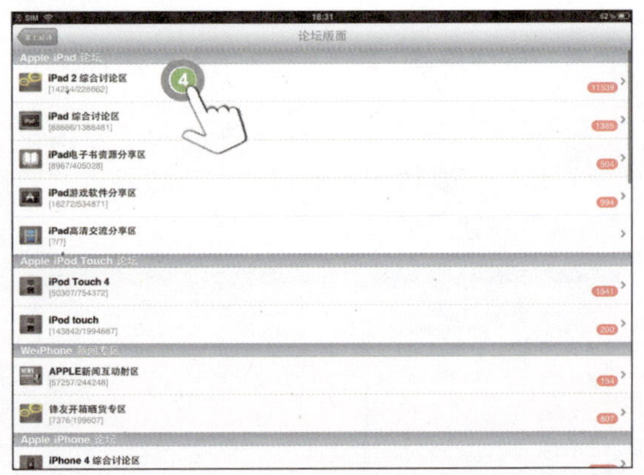

12.4 新闻阅读

使用iPad阅读新闻是一件很愉快的事情，它不但屏幕显示效果好，而且有很多专门针对iPad开发的新闻内容推送客户端，并且是完全免费的！用户要做的，就是端一杯咖啡，打开自己的iPad，轻松悠闲地随意浏览。

12.4.1 Zaker

Zaker中文名叫扎客，是广受好评的iPad新闻阅读软件。Zaker使iPad可根据使用者喜好，将报杂志、微博、博客、新闻资讯、团购、关注话题、RSS、GoogleReader等所有信息都聚合到一提供给使用者阅读。要下载和使用Zaker，请按以下步骤操作：

在App Store右上角的搜索框中输入“Zaker”作为关键字进行搜索，然后选择打开Zaker软件的详情页面。

2 轻点Zaker图标下的“安装”按钮安装该软件。

3 轻点主屏幕上的Zaker 图标以启动程序，然后轻点“进入”按钮。

4 Zaker的阅读界面清晰自然，默认的阅读内容包括“互联网新闻”、“国内新闻”等。如果用户希望阅读到更多推送内容，则可以轻点“添加资讯”按钮。

5 可添加的资讯内容包括微博、杂志、图片、报纸和博客等。选择你要添加的项目，例如“图片”。

6 Zaker提供了很多精彩的图片内容，你可以从中选择，例如“美空网”。

7 新选择的频道内容将立即推送到你的面前。要查看大图，直接轻点即可。

8 通过右侧按钮，你可以执行图片的放大、缩小、下载保存等操作。

9 在Zaker主界面的右上角还有一排按钮，可以对Zaker内容进行更多定制。例如，轻点设置按钮可以删除已有的频道。

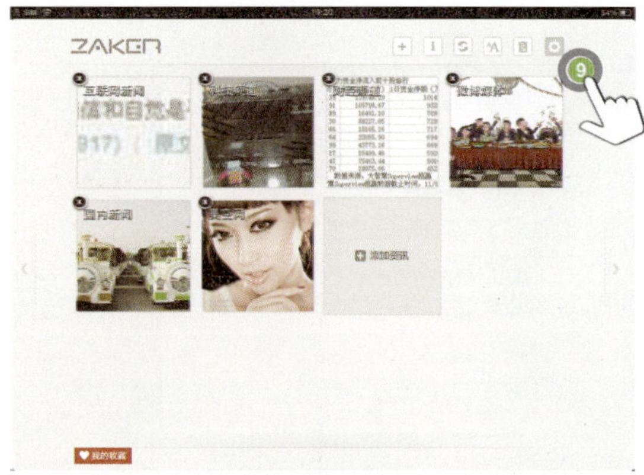

12.4.2 新浪新闻 HD

“新浪新闻HD”依托于新浪门户站点，提供即时新闻信息和阅读资源，如果用户习惯于新浪网的新闻阅读方式，则可以下载该应用，在iPad上延续阅读。其操作方法如下：

1 在App Store右上角搜索框中输入“新浪新闻hd”作为关键字，就可以搜索到“新浪新闻HD”应用并且进行免费安装。

2 安装完成之后，轻点主屏幕上的“新浪新闻HD”图标，以打开该程序。现在你可以看到默认的“新浪新闻”界面。轻点左上角的向下箭头，可以打开一个功能区。

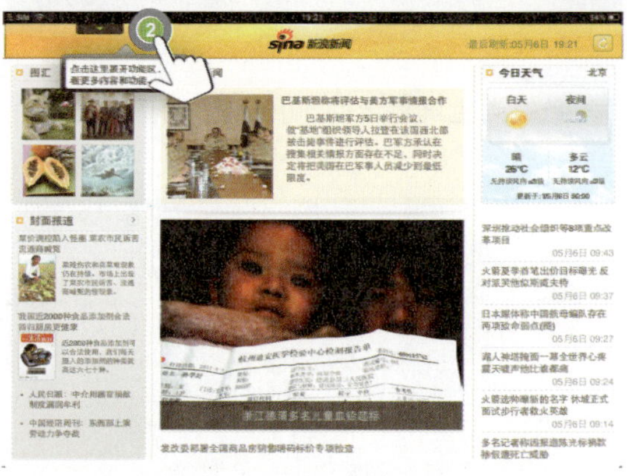

3 在打开功能区之后，你可以看到新浪新闻的各个频道，手指轻点即可切换频道阅读新闻。

4 轻点右上角的“设置”按钮，可以登录新浪账户或设置离线阅读等。

12.4.3 每讯新闻HD

每讯新闻HD是一款比较受欢迎的新闻阅读软件，它和Zaker一样，可以将新闻、微博、报纸杂志等内容整合在一起，推送到用户的iPad上。要下载和使用每讯新闻HD版，请按以下步骤操作：

1 在App Store中搜索“每讯新闻HD”关键字，查看软件详情并安装。

2 在安装完成之后，轻点主屏幕上的“每讯”图标，进入“每讯”操作界面。轻点“添加内容”按钮可以定制你的阅读内容。

3 选择你要添加的阅读内容，例如“串烧段子”。

4 新添加的项目将出现在内容板块中，轻点即可阅读。

5 在阅读时，你可以通过手指左右滑动翻页。要快速翻页或预览，可以轻点并移动底部的红色小方块。

12.4.4 腾讯爱看

“腾讯爱看”是腾讯公司开发的新闻资讯和微博内容等的阅读软件。它的内容精选自腾讯网、腾讯微博、《中国国家地理》、《新京报》、《南都周刊》、《南方周末》和财经网等。如果用户对上述报纸、杂志以及网络的内容感兴趣，那么下载“腾讯爱看”是理所当然的不二选择。

要下载和使用“腾讯爱看”，请按以下步骤操作：

1 在App Store中以“腾讯爱看”为关键字进行搜索，选择并下载“腾讯爱看”程序。

2 在安装完成之后，轻点主屏幕上的“腾讯爱看”图标，以打开该程序。在出现的“腾讯爱看”阅读界面中，轻点左侧按钮可以显示一个侧面板。

3 在侧面板中，你可以选择阅读方式，例如“活页”。要登录腾讯微博，可以轻点“登录”按钮。

4 轻点左上角的“展开/收缩”按钮，可以打开“爱看精华”，选择你要阅读的媒体或网络。

5 轻点某个你中意的“爱看精华”频道（例如“爱看大图”），即可在下面的主框架中打开。

第13章

iPad游戏

在iPad应用中，游戏占有重要的一席之地，也是对用户而言非常有吸引力的部分。和iPhone相比，iPad的屏幕更大，游戏画面也更加精细，操控性更好，相信用户很快就会沉醉于全新的iPad游戏体验。

13.1 Infinity Blade（无尽之刃）

Infinity Blade（中文译名“无尽之刃”）是一个RPG模式的游戏，玩家扮演一个具有自由精神的战士后代，去挑战代表专制和邪恶的王座BOSS。一路上玩家将碰到很多敌人（怪物），你需要逐一杀死他们以获得金钱和装备，提升个人战斗经验，直至打败最终BOSS，为世界带来和平。

要安装和运行这款游戏，请按以下步骤操作：

1 在App Store中搜索“Infinity blade”关键字，购买并下载该游戏。

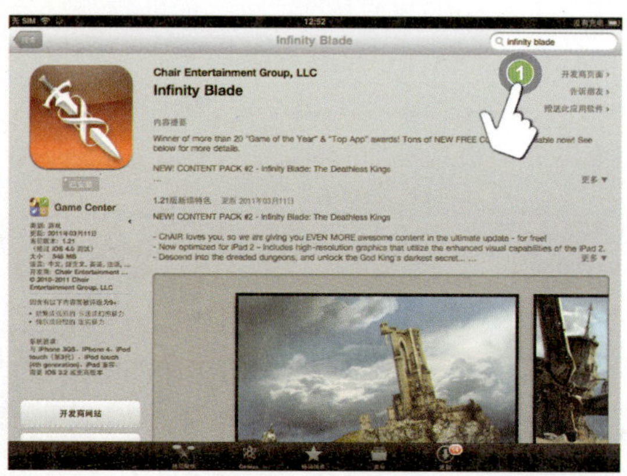

2 在安装完成之后，轻点主屏幕上的Infinity Blade 图标，将看到一个过场动画，一位具有自由精神的战士前去挑战魔王，但悲剧的是，他被魔王用Infinity Blade（无尽之刃）斩杀了，魔王还预言，会有一代又一代的追求自由和平的战士去挑战他，但最终的结果仍然将是死于无尽之刃下。

3 事实果真如此吗？20年后，你作为战士的儿子为父报仇来了，改变自由战士的历史宿命，就要看你的了！轻点Start Bloodline去挑战魔王。

4 首先玩家碰到的是一个长角卫士，轻点叹号按钮可以看到怪物的信息，1级的小怪而已，它的主要作用就是让你熟悉游戏的战斗方式。

5 战士的战斗方式分防御和进攻。防御主要靠盾牌，按住屏幕中间出现的盾牌图标，就可以实现盾防（BLOCK）。

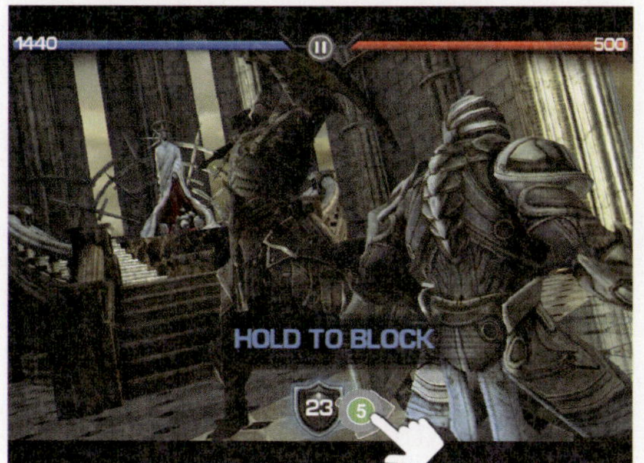

TIPS

盾牌有使用上限，这和你的盾牌种类以及属性点有关，破盾虽然也可以起到防御作用，但是无法100%抵挡攻击。盾牌除了物理防御，还有火、冰、毒等防御属性，在战斗前玩家应该看清楚对方的武器属性，然后装配上对应属性的盾。

6 盾防并不是消极防御，实际上，如果对方进攻时，玩家把握好盾防的时机，很容易出现盾击的效果，使对方陷入短暂的进攻停顿，当屏幕上出现BLOCK BREAK!!!!字样时，表示对方被你盾击，这时你就可以趁机进攻了，你可以像切西瓜一样上去快速砍它个十刀八刀，俗话说得好：趁他病，要他命！

7 除了盾牌防御之外，你还可以左右躲闪（DODGE）。可以躲闪时，会在屏幕左右出现箭头提示。

8 躲闪成功之后，屏幕上会显示DODGE BREAK字样，这表示敌人因为进攻而暴露出了自己的软肋，又是玩家进攻的好时机，在屏幕上滑动手指即可对敌人造成伤害（Hit）或重大伤害（Huge Hit）。

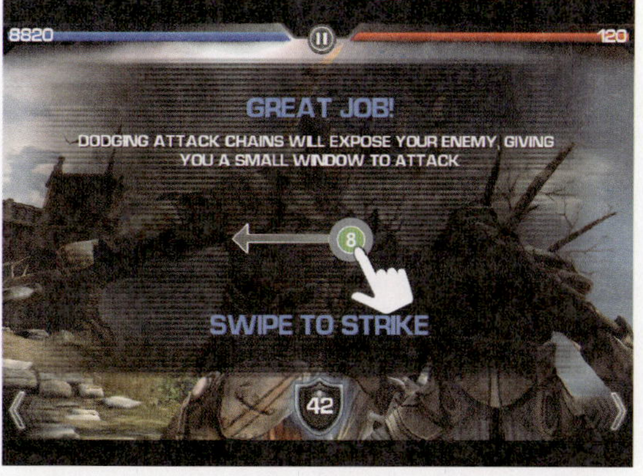

9 除了盾防和躲闪，用户还可以格挡（PARRY）。格挡就是用你的武器（而不是盾牌）去抵挡对方的武器，这个操作相对有一定的难度，你需要把握准确的时机。

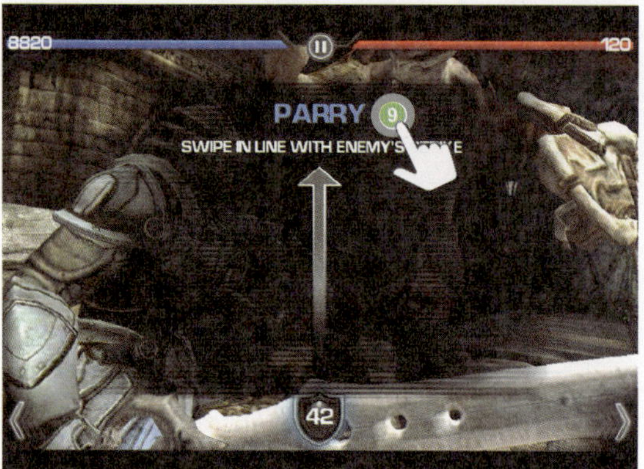

10 战士进攻分两种，一种是物理攻击，一种是法术攻击。物理攻击的方式相对简单，就是像切西瓜一样来回划，当敌人出现Break之后，快速滑动很容易对敌人造成重大伤害。法术伤害出现在屏幕两侧，以蓝色圆形显示，有冷却时间的限制。

11 杀死怪物或敌人之后，你可以获得金币和装备，装备可以获得经验（XP），玩家也可以通过装备经验升级。

12 轻点顶部的暂停（| | ）按钮，可以打开一个菜单，轻点CHARACTER（角色）按钮可以查看游戏角色的属性。

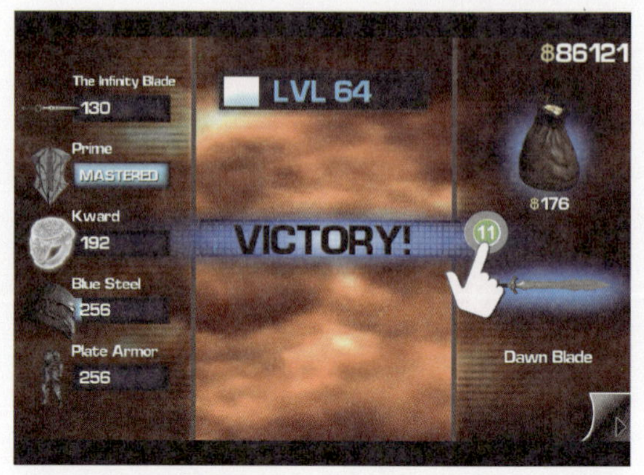

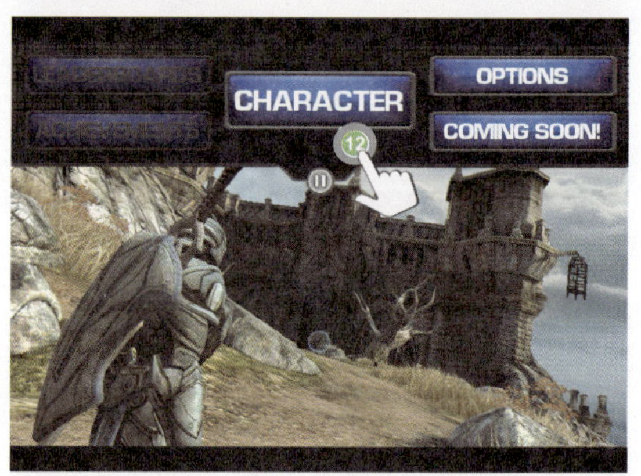

13 战士的属性主要包括Health（生命值）、Attack（攻击）、Shield（防御）、Magic（法术）和Bonus（额外奖励）。轻点Inventory（背包）按钮可以查看人物的装备。

14 轻点Store（商店）按钮可以购买或出售多余的装备。

15 在打开的Inventory（背包）界面中，手指滚动左侧装备可以查看装备的属性。

16 轻点升级按钮可以花钱升级装备，同时使人物获得经验。

17 轻点右下角的退出按钮可以返回游戏。

18 追求自由与和平是每一个人类战士的使命。看似强大的专制魔王，无论它曾经是多么的残忍和张狂，最终它必然倒在自由战士的剑下，这毫无疑问，因为……这是它的宿命。

13.2 Angry Birds（愤怒的小鸟）

Angry Birds（愤怒的小鸟）是非常有名的iOS平台游戏，其HD版本是专门针对iPad的应用。它已经成为一个经典系列，开发出Angry Birds HD版、Angry Birds Rio HD版和Angry Birds Seasons HD版等多个产品。

要下载和运行Angry Birds（愤怒的小鸟）系列游戏，请按以下步骤操作：

1 在App Store中以“angry birds hd”为关键字进行搜索，用户会发现Angry Birds HD版、Angry Birds Rio HD版和Angry Birds Seasons HD版等游戏均出现在结果列表中。选择购买和下载你所需要的版本。如果用户只是想尝试一下，也可以先下载Free（免费）版。

2 在安装完成之后，轻点主屏幕上的Angry Birds 图标。在进入游戏之后，轻点运行按钮。

3 选择游戏关卡。Angry Birds版本不同，游戏的关卡也不太一样，但是玩法基本相似。

4 最初的Angry Birds出现是要对付可恶的偷蛋猪，现在猴子也来凑热闹。

5 小鸟弹弓发射，把可恶的猴子消灭掉。

6 过关之后，轻点下一关按钮挑战更高难度。

13.3 Fruit Ninja（水果忍者）

Fruit Ninja（水果忍者）是由Halfbrick Studios开发的一款街机游戏。日本忍者要练习快刀，怎么练呢？削水果。如果你也想当一把忍者，过一过削水果的瘾，请按以下步骤操作：

1 在App Store中以“halfbrick”为关键字进行搜索，然后在搜索结果中选择安装Fruit Ninja HD或免费的Fruit Ninja HD Lite版。

2 在安装完成之后，轻点主屏幕上的Fruit Ninja HD 图标以启动该游戏。当出现主菜单时，以手指滑动（而不是轻点）的方式选择菜单项。例如，要新开始个人游戏，可以用手指滑动New Game图标。

3 游戏会要求你选择Game Mode（游戏模式），仍然是以手指滑动方式选择，例如Classic（经典）模式。

4 经典模式里面有炸弹，划到炸弹或漏掉3个水果，游戏都将结束。

5 你也可以在主菜单中选择Multiplayer（多人游戏），然后设置双人游戏的速度、时间以及模式等。

6 双人竞赛更有趣味，反正就是用手在屏幕上划来划去。划的时候注意COMBO（组合），也就是一刀切好多个，这样奖励得分更高。

13.4 QQ游戏系列

QQ游戏由于它的平台普及性，一直深受国内用户的喜爱。移植到iPad平台上的QQ游戏系列同样深受欢迎。要在iPad上安装和运行QQ游戏，请按以下步骤操作：

1 在App Store中以“qq”为关键字进行搜索，用户就可以看到iPad上的QQ游戏应用，包括QQ中国象棋HD、QQ斗地主HD和QQ欢乐斗地主HD等。选择安装你喜欢的游戏即可。

2 在安装完成之后，轻点主屏幕上的图标，例如“QQ中国象棋”运行该程序。在出现的主菜单中，你可以选择“联网游戏”或“单机游戏”。如果用户的iPad暂时没有网络连接，则可以轻点“单机游戏”。

3 单机游戏提供4种AI级别。如果你自觉象棋水平较高，则可以轻点“特级”按钮。

4 现在你就可以开始和计算机进行游戏了。根据笔者的实测，QQ中国象棋“特级”水平的AI（智能象棋水平）在所有iPad象棋游戏中算比较好的，它大概相当于QQ象棋3级棋手的水平。

5 如果要联网下象棋，则可以在主菜单中选择“联网游戏”，然后输入你的QQ号码和密码，轻点“登录”按钮。

6 选择游戏服务器之后，你就可以在线下棋了。

13.5 SmartGo Kifu（围棋）

虽然国际象棋和中国象棋的AI（人工智能）水平早就能将人类中的顶级棋手斩落马下，但是围棋AI程序的水平仍然不能超越人类棋手，因为围棋的计算和变化复杂性远超象棋。当然，如果你只是一个围棋爱好者，那么使用电脑来学习和锻炼棋艺仍然是一个非常好的选择。SmartGo Kifu就是这样一款能够帮助初学者快速大幅提高棋艺的软件。

要安装和使用SmartGo Kifu围棋软件，请按以下步骤操作：

1 在App Store中以“SmartGo Kifu”作为关键字进行搜索，选择并下载该程序。

2 在安装完成之后，轻点主屏幕上的SmartGo Kifu 图标，运行该程序。在打开程序界面之后，将看到左侧窗口出现的主菜单。要锻炼基本对杀能力，可以轻点“死活题”。

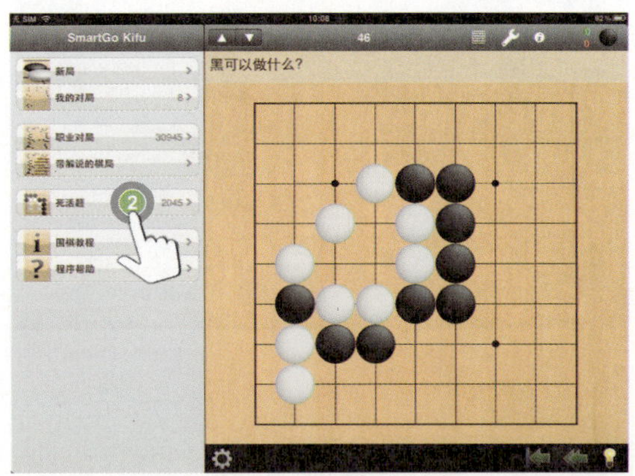

3 SmartGo提供了2000多道死活题，并且分初中高级，你可以根据自己的水平选择练习。

4 轻点底部的齿轮按钮，可以打开一个菜单，为你提供死活题的解答和演示。这对于孩子或低水平的围棋初学者十分有用。

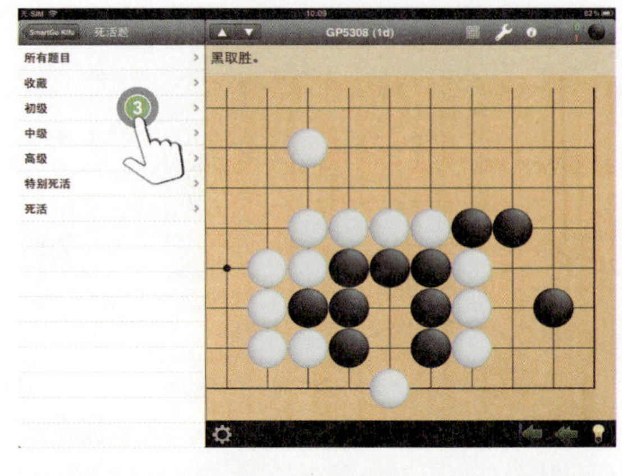

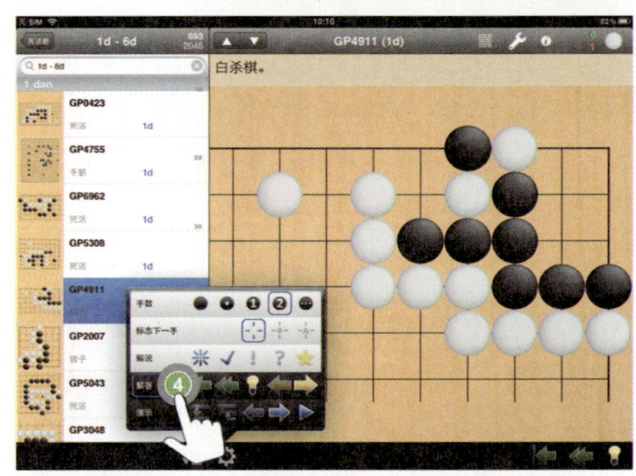

5 如果你觉得自己的棋艺已经小有成就了，还可以轻点左上角的按钮回到主菜单，然后轻点“新局”，和电脑AI来一番对战。使用“自动等级”可以使电脑根据你的棋力水平设置相应的AI级别。轻点“开始”按钮即可下棋。

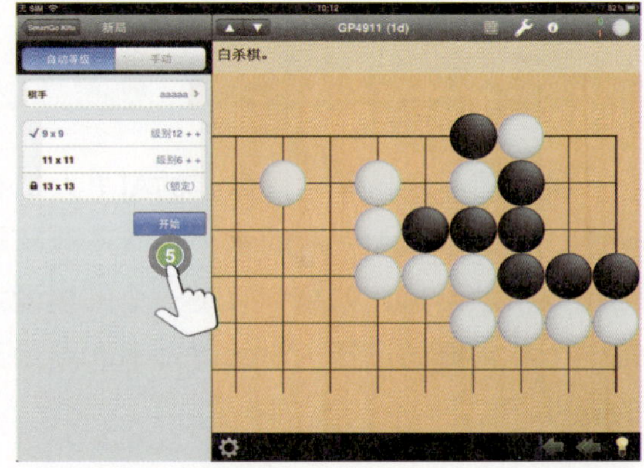

6 虽然电脑AI的总体棋力不高，但对于小孩或初学者而言还是足够的。通过不断的围棋教程学习和对弈锻炼，相信用户的棋力能够快速提高。

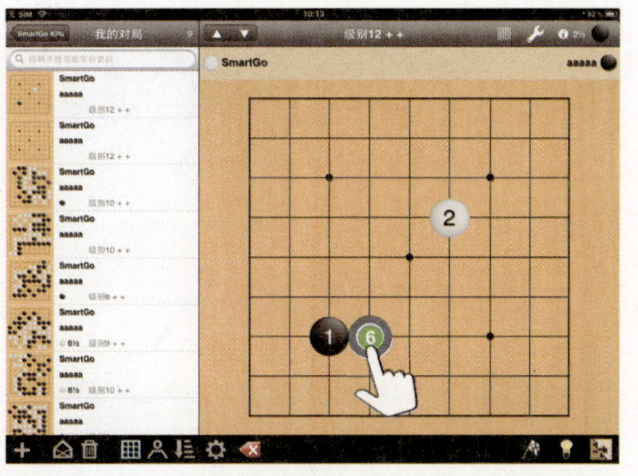

13.6 NeedForSpeed Shift

“Need For Speed：Shift”是非常有名的赛车游戏，它的中文版名称为“极品飞车：变速”。该游戏具有基于真实物理效果的3D画面，采用OpenGL ES 2.0技术，可以给玩家带来超震撼的赛车体验。要安装和运行该游戏，请按以下步骤操作：

1 在App Store中搜索“need for speed shift for ipad”关键字，找到并安装该软件。

2 在安装完成之后，轻点主屏幕上的“NFS Shift”图标以运行该游戏。初次运行时你会看到一个教程。在随后出现的主菜单中，你可以轻点“选项”图标，进行游戏选项设置。

3 在选项设置界面中，轻点“控制”按钮。

4 现在你可以选择游戏难度。对于初学者来说，选择“新手”可以使你快速熟悉游戏。完成之后轻点右下角的对勾（√）确定按钮。

5 如果你选择的是专家模式，那么就需要熟悉以下控制操作，实现对车体运动的完全控制。轻点“点击继续”按钮退出。

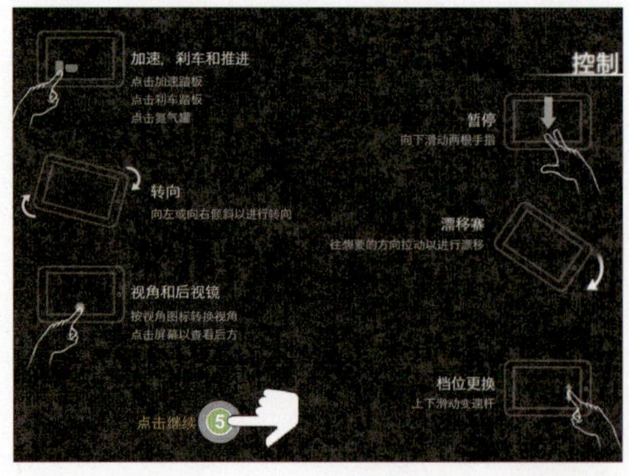

6 回到主菜单，现在你可以轻点“比赛”图标进入比赛，端起iPad，你就是一个赛车手了。把iPad当做你的方向盘，尽情发挥吧。按绿色线行驶能获得最佳路线奖励，完美过弯也有额外奖励。

7 比赛获胜，可以赢得现金。

8 当然也可以提升车手等级。

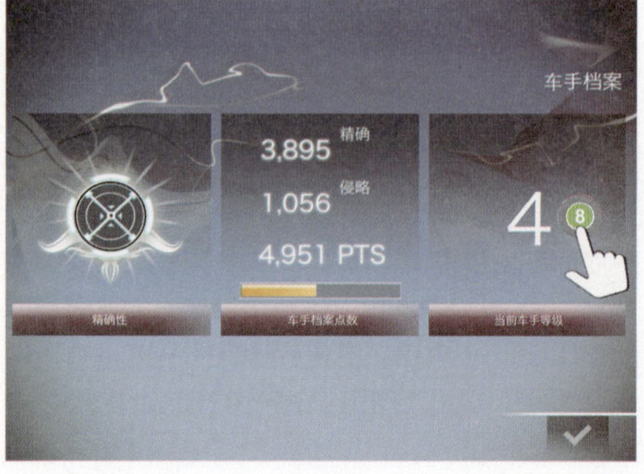

9 还可以解锁赛事和新车购买。

10 “新手”难度一般比较容易取得胜利，如果不能取胜，可以选择“我的车辆”，对它进行“极速”、“加速”、“轮胎”、“悬架”和“氮气”等的升级。

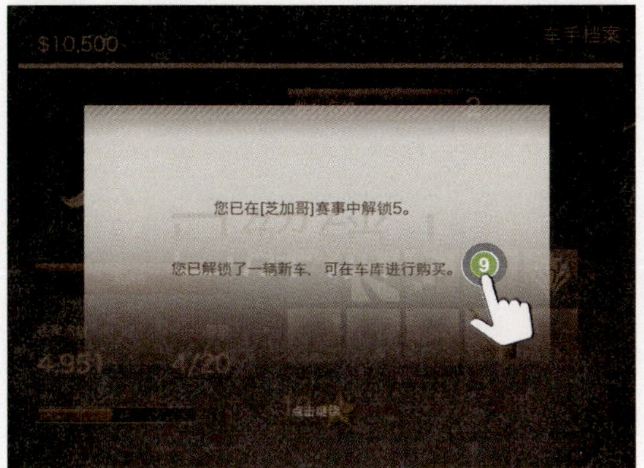

13.7 AirAttack HD

AirAttack HD版是iPad上比较耐玩的空战游戏。它和空战街机游戏的风格类似，只不过操作方式由摇杆变成了手指，更加方便。要安装和运行AirAttack HD游戏，请按以下步骤操作：

1 在App Store中以“AirAttack HD”为关键字进行搜索，下载和安装该游戏。

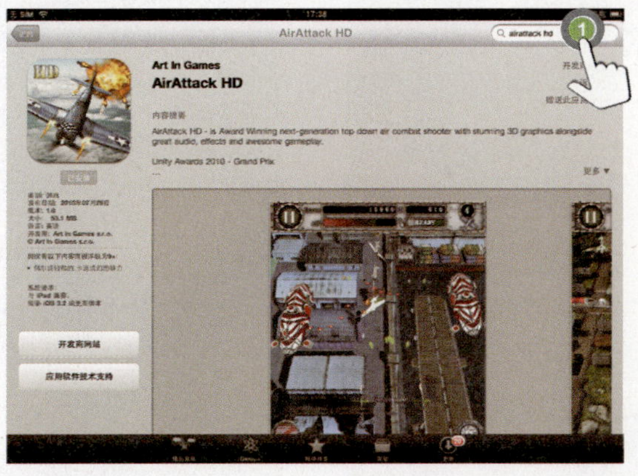

2 在安装完成之后，轻点主屏幕上的AirAttack HD 图标，在出现的主菜单中轻点New Game（新游戏）按钮。

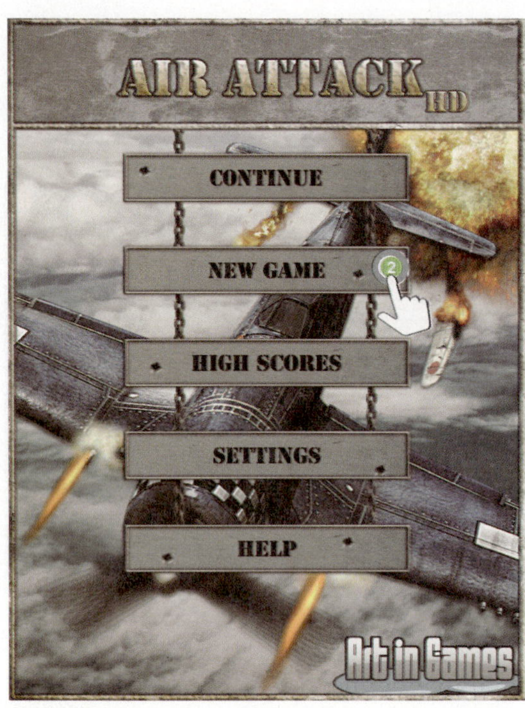

3 现在玩家可以选择难度和战场。新手一般可以按默认选Easy（难度），然后轻点Start（开始）按钮。

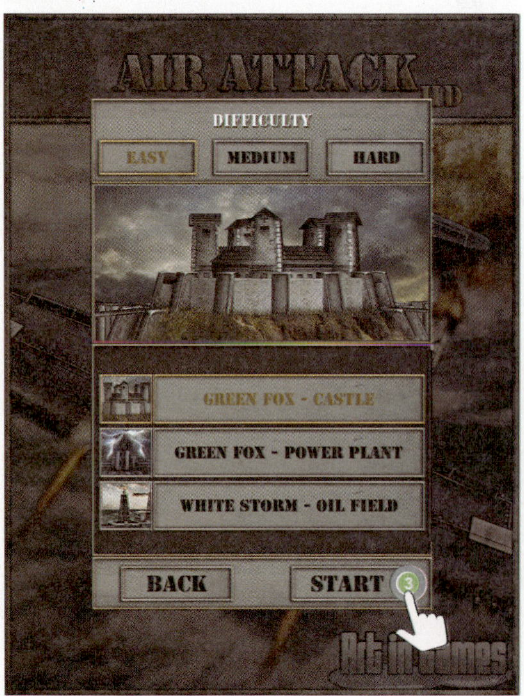

4 游戏开始，玩家可以拖动自己的飞机攻击天空和地面上的目标，尽可能多地收集金币、勋章和急救包等。

5 当出现Shop（商店）时，点击进去可以购买物品。

6 如果玩家收集到足够多的钱，则可以购买很多辅助物品，例如Cannon（加农炮弹）、AutoRockets（多向自动跟踪导弹）、SidePlanes（僚机）等。选定要购买的物品之后，轻点Buy按钮购买。

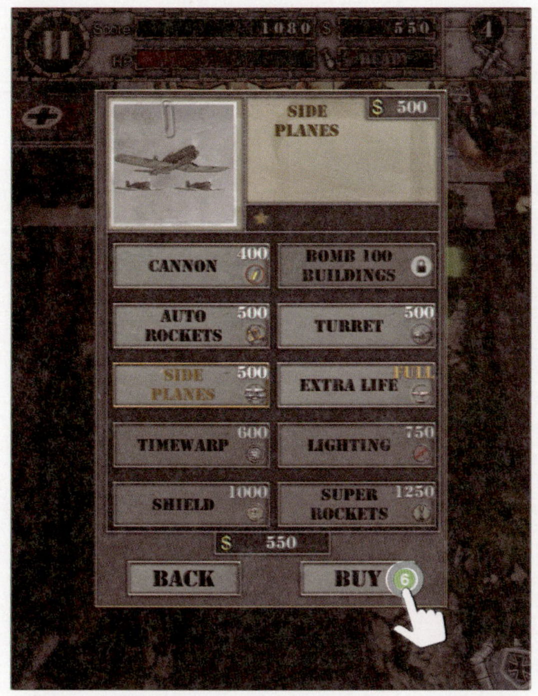

7 有了僚机、自动跟踪导弹、加农炮弹、闪电、护盾等物品的帮助，相信玩家能很快通关，即使是打BOSS也不在话下。

8 如果你一直无法通关，但是又好想虐一下电脑，则可以按本书第8章的介绍，打开iFile程序，轻点左侧“位置”列表中的“应用程序”，然后在右面的应用程序列表中找到AirAttack HD文件夹，轻点打开Library/Preferences/com.ArtInGames.AirAttackHD.plist文件，修改player_coins（玩家的金币数）、player_lifes_cnt（剩余飞机架数）等参数的值。

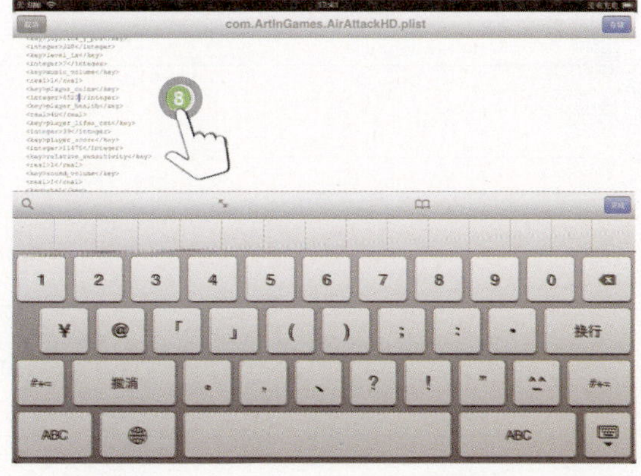

读书笔记

第14章

iPad应用软件推荐

除了游戏和看书之外，iPad还有一个重要的应用就是音频和视频的欣赏。此外，针对少儿幼教的应用也是一大热门，深受年轻父母们的欢迎。

14.1 在线音频和广播

iPad具有很好的音乐播放效果。在已经连接网络的情况下，用户可以通过软件即时下载和播放音乐、收听广播电台的内容。iPad中的很多音乐和电台应用都是免费的，并且效果很不错。

14.1.1 QQ音乐HD

QQ音乐HD是“QQ 音乐”软件移植到iPad上的应用。通过它可以播放本地歌曲、在线搜索和下载网络音乐。其操作方法如下：

1 在App Store中以“qq”为关键字进行搜索，然后打开“QQ音乐 HD”的详情页面安装该软件。

2 在安装完成之后，轻点主屏幕上的“QQ音乐HD” 图标，打开该软件。程序默认将提取“本地音乐”列表，用户可以选择本地音乐进行播放。要收听新歌，可以轻点左侧的“网络搜索”按钮。

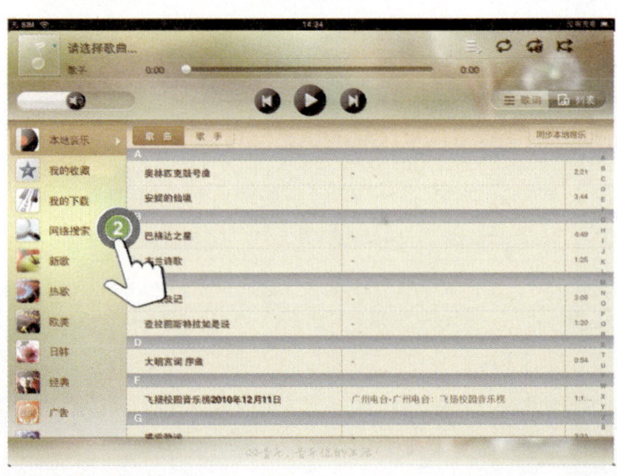

3 在搜索框中输入关键字，例如“王菲”，然后轻点“搜索”按钮。

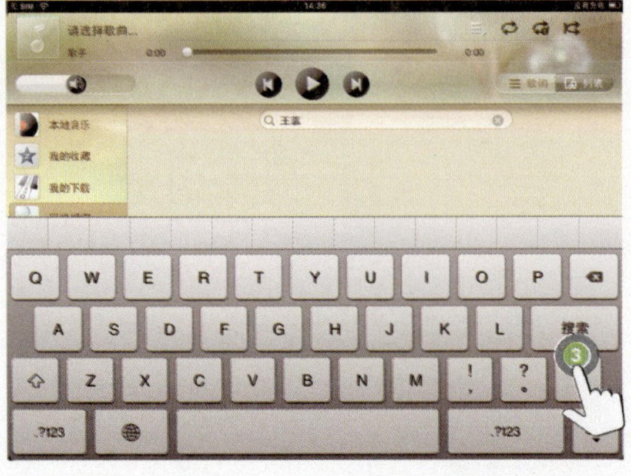

4 在搜索结果列表中轻点某一项，即可开始播放音乐。轻点右侧的下载按钮可以将音乐下载到iPad中。

14.1.2 爱音乐

爱音乐（iMusic）是iPad上比较有名的一款在线音乐播放器。它的特点是提供了多个榜单，方便用户根据自己的兴趣搜索歌曲。其操作方法如下：

1. 在App Store中以“爱音乐”为关键字进行搜索并安装该软件。

2. 在安装完成之后，轻点主屏幕上的“爱音乐”图标，即可看到“新歌抢先听”、“华语九天榜”等音乐排行榜单，轻点其中的一项，例如“华语九天榜”。

3. 轻点榜单中的歌曲（例如飞儿乐团“亚特兰提斯”）即可在线播放。

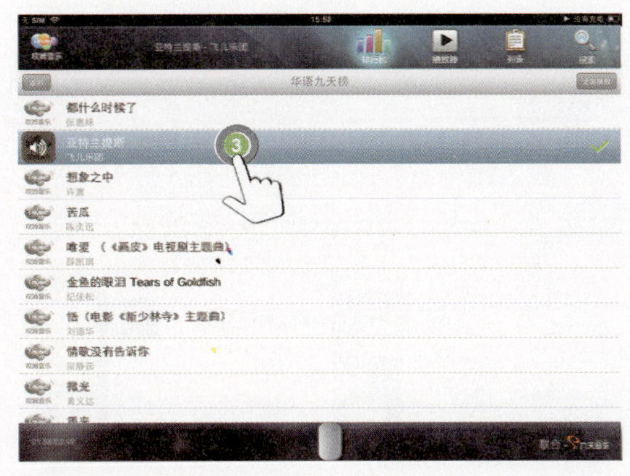

4. 轻点顶部的“播放器”图标，可以看到专辑画面和歌词，并且控制播放音量、暂停等。

14.1.3 TuneIn Radio

TuneIn Radio是获评4星半的网络收音机软件。它提供了4万多个电台，很多都是本地的AM或FM电台。要使用TuneIn Radio收听本地广播，请按以下步骤操作：

1. 在App Store中以“TuneIn Radio”为关键字进行搜索，安装免费版的TuneIn Radio软件。
2. 在安装完成之后，轻点主屏幕上的“TuneIn Radio”图标，即可看到本地（Local）可选电台列表。在Recents中可以看到最近收听的电台列表。轻点一个你想收听的电台，例如“北京交通广播”。

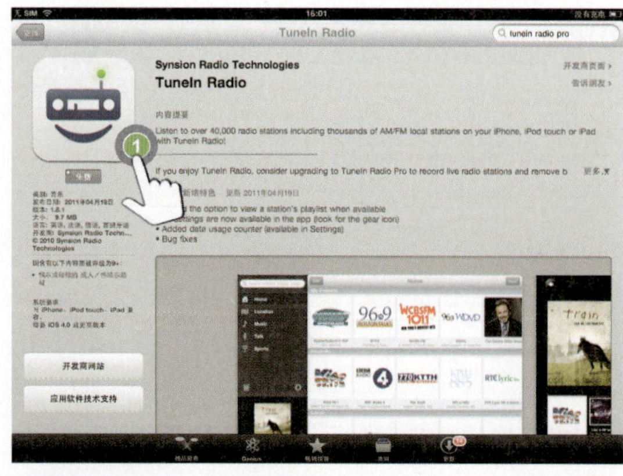

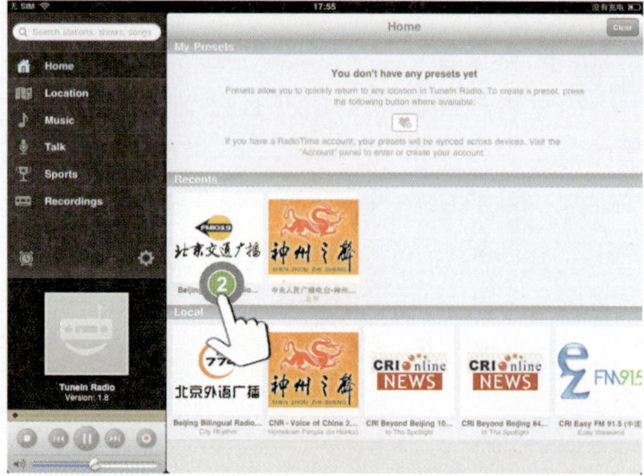

3 在联网的条件下，你可以立即收听到选定电台的节目，并且可以看到节目单。轻点右上角的电台按钮可以显示对该电台的更多操作，例如访问其网页。

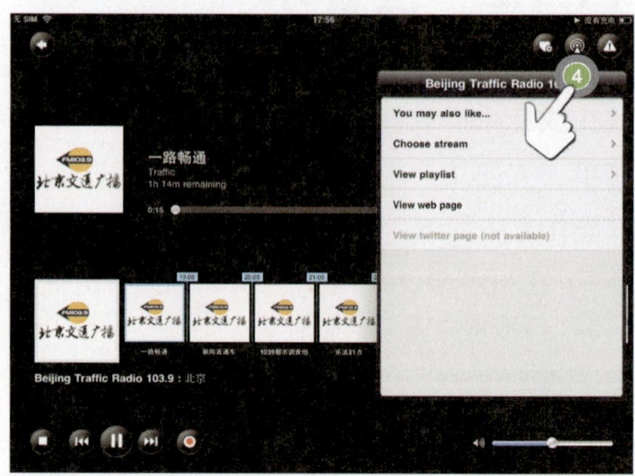

4 在左侧菜单栏中可以选择收听不同的内容，例如Music（音乐）。

14.2 在线视频

iPad上的在线视频软件非常丰富，很多都是视频网站提供的免费应用，如果用户使用Wi-Fi连接，那么可以尽享在线视频的影视盛宴；如果使用的是3G网络连接，那么应该注意网络流量的问题。

14.2.1 PPTV网络电视

PPTV来源于PPLive，后者是一款PC上非常有名的网络电视软件，所以PPTV也可以看做是PPLive的iPad版本。要使用PPTV，请按以下步骤操作：

1 在App Store中以“PPTV网络电视”作为关键字进行搜索，查看并安装该软件。

2 在安装完成之后，轻点主屏幕上的PPTV 图标，打开PPTV视频播放界面。你可以看到“热播电影”、“同步剧场”、“连载动漫”、“热门综艺”等标签，选择想播放的项目即可。例如，可以轻点“黄沙武士（高清）”以欣赏该电影。

14.2.2 Vgo HD

Vgo HD是21CN站点与中国电信天翼视讯合作开发的iPad在线视频程序。要使用Vgo HD，请按以下步骤操作：

1 在App Store中以“Vgo HD 高清影视”为关键字进行搜索，查看并安装该软件。

2 在安装完成之后，轻点主屏幕上的“Vgo HD” 图标。在打开程序界面之后，用户可以按分类查找并选择要欣赏的视频内容。例如，可以轻点“按分类”，再轻点“警匪剧”，选择“生死瞬间”。

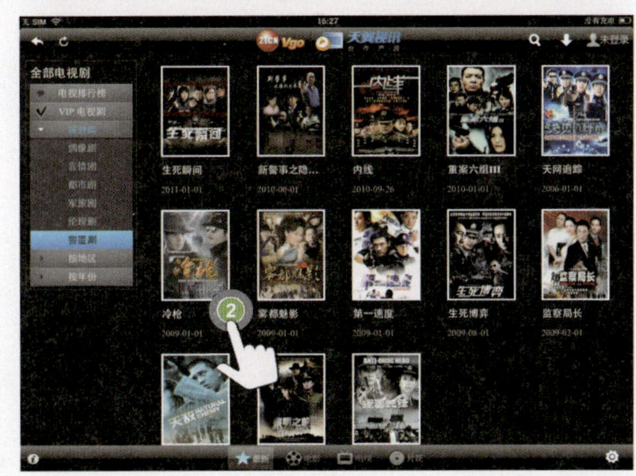

3 选定的视频内容将立即在新窗口内打开，可以分享到微博，也可以对它进行评分或查看其他观众对该视频的评分。

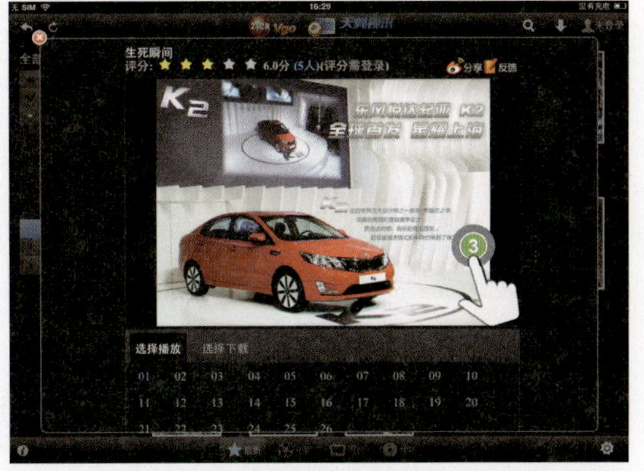

14.2.3 QQLive HD

QQLive是依附于QQ聊天平台的视频播放软件，而QQLive HD则是它的iPad版本。QQ

的多款产品在移植到iPad上之后都有不错的评价，这一款也不例外。要使用QQLive HD，请按以下步骤操作：

1 在App Store中以“QQLive HD”为关键字进行搜索，查看并安装该软件。

2 在安装完成之后，轻点主屏幕上的“QQLive HD”图标，就可以看到一个类似家居生活馆那样的图形化拟真主菜单，轻点中间的电视屏幕就可以打开电视剧频道。

3 在打开“电视剧”频道之后，用户可以选择自己想看的电视剧，例如“回家的诱惑”。

4 在打开的电视剧详情画面中，可以看到主演、导演、基本剧情、评分星级等信息，轻点“播放”按钮即可开始播放。

14.3 小孩会喜欢的软件

iTunes Store里面有很多面向少儿的教育和娱乐软件。这些软件充分利用了多媒体手段，操作简单，采用互动的形式，培养少儿的学习兴趣，使iPad成为不可多得的少儿教育和娱乐平台。

14.3.1 SoundTouch

SoundTouch的意思是“声音触摸”，这款软件的操作是面向幼儿设计的，非常简单，只要触摸一下卡通图像，就可以显示各种丰富的实拍图像，并且发出对应的声音，是让幼儿认识事物的极好多媒体教材。其安装和使用方法如下：

1 在App Store中以“SoundTouch”为关键字进行搜索，选择并安装该软件。

2 在安装完成之后，轻点主屏幕上的SoundTouch 图标，即可打开其运行界面，这个界面极其简单，就是一些可爱的卡通图画。用户可以启发幼儿轻点某幅图画，例如小狗。

3 屏幕上将立即随机出现一幅狗的图像，并且伴有狗叫声。要退出该画面，同样用手指轻点屏幕一下即可。

4 轻点底部的图形按钮可以切换到其他版块，例如交通工具。

14.3.2 Find me! for kids HD

Find me是一款很适合小孩玩的“找不同”类软件，它有很多可爱的卡通形象，对于提高孩子的观察能力特别有帮助。其具体使用方法如下：

1 在App Store中以“find me！ for kids hd”为关键字进行搜索，下载并安装同名软件。

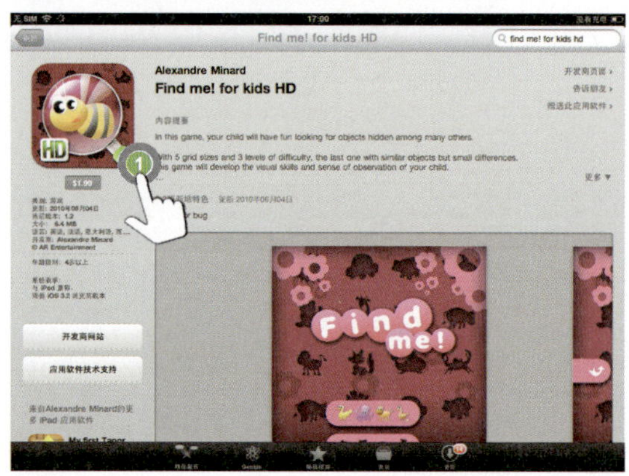

2 在安装完成之后，轻点主屏幕上的“Find me” 图标，然后轻点底部的手印图标进入游戏。

3 在出现的菜单中选择图标类型，对于小孩来说，推荐选择第1种。如果要提高难度，则可以选择第2种或第3种。

4 现在你可以指导孩子从众多的图案中选出和底部图案相同的一个。该游戏老幼咸宜，有时候，大人还不一定比孩子找得快呢。

14.3.3 写字

“写字”是一款特别适合小学生的教学软件，它可以有效纠正孩子的写字笔顺错误，培养学生的规范书写意识，快速提高孩子的认字和写字能力。其使用方法如下：

1 在App Store中以“写字”为关键字进行搜索，下载并安装该软件。

2 在安装完成之后，轻点主屏幕上的“写字”图标，用户将看到一个简单的操作界面，使用手指在右下角的写字区域（米字格）内移动即可书写汉字。在米字格上面有蓝色的柱形和数字得分，表示当前所写字的成绩。

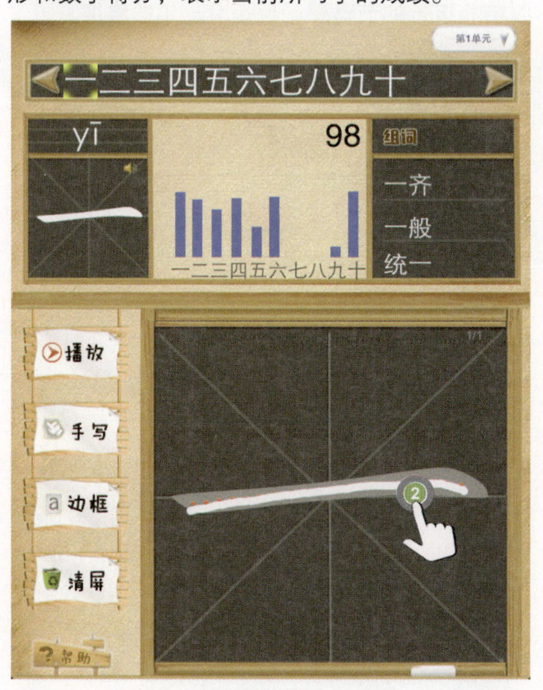

3 轻点左侧的“播放”按钮可以播放写字笔顺。

4 轻点“手写”按钮可以开始写字。在没有描红提示的情况下，要写得好可不容易，这需要较长时间的练习。

TIPS

要显示或隐藏描红提示，可以轻点“边框”按钮。要清除已写的汉字，可以轻点“清屏”按钮。

5 轻点右上角的“单元选择”按钮，可以弹出一个菜单，选择不同单元中的汉字练习书写。

14.3.4 Talking Gina

Talking Gina（会说话的长颈鹿，吉娜）是一款深受少儿喜爱的娱乐软件，它可以重复用户说的任何话，并且是以小女孩的腔调复述出来，效果很好玩。要下载和使用Talking Gina软件，请按以下步骤操作：

1 在App Store搜索框中输入“Talking Gina”，选择“iPad版会说话的长颈鹿，吉娜-Talking Gina the Giraffe for iPad”为关键字进行搜索。

2 在安装完成之后，轻点主屏幕上的“Talking Gina”图标，就可以看见一只可爱的长颈鹿了。轻轻地抚摸它的脖子可以增加好感度，同时它会发出很害羞的声音，但是不要摸它的头和肚子，那样会降低好感度。

3 你也可以轻点底部的图标，给它喂食和饮水。还可以和它一起玩鼓掌游戏，这个可以培养孩子的节奏感，但是有一定的难度。